Sibylle Kapfer
Simone Motus

Matheforscher

Gute Aufgaben 1. und 2. Schuljahr

Oldenbourg

Inhalt

Vorwort

Liebe Kollegin, lieber Kollege,

in diesem Band wollen wir in unserem Unterrichtsalltag erprobte Stundenentwürfe für gute Aufgaben im Mathematikunterricht an Sie weitergeben.
Aber was macht eigentlich eine „gute Aufgabe“ aus?

- Gute Aufgaben regen Lernprozesse an, verlangen Wissensanwendung und bilden Routinen aus.
- Eine gute Aufgabe ermöglicht dem Schüler* seine Vorgehensweise zu beschreiben, Begründungen zu suchen und sich mit anderen Kindern über mögliche Lösungswege auszutauschen (Verbalisieren, Kommunizieren und Argumentieren).
- Gute Aufgaben fördern das Erkennen und Nutzen mathematischer Zusammenhänge, Muster und Strukturen.
- Durch eine gute Aufgabe findet eine natürliche Differenzierung statt, die Lehrkraft braucht also nur eine Aufgabe für alle Kinder.
- Gute Aufgaben stellen kein sofort abrufbares Lösungsverfahren zur Verfügung und ermöglichen produktiv forschende Tätigkeiten.
- Eine gute Aufgabe lässt Offenheit zu. Es gibt verschiedene Wege, um zu einer Lösung zu kommen.
- Die Ergebnisse einer guten Aufgabe sind oft ein Schritt zu weiteren Fragestellungen bzw. geben Anstöße zu Übertragungen auf ähnliche Sachverhalte.

Nicht jede gute Aufgabe kann alle Kriterien erfüllen. Die Auflistung hilft aber dabei, Aufgaben im Schulalltag kritisch zu beleuchten.

Natürlich werden die mathematischen Kernkompetenzen in jeder Jahrgangsstufe eingeführt und geübt. Mit den vorgestellten Aufgaben kann jedoch an einigen Kompetenzen auf offenerem Wege gearbeitet werden. Die Kinder trainieren nicht nur ihre Rechenfertigkeiten, sondern darüber hinaus grundlegende mathematische Fähigkeiten.

Beim Bearbeiten guter Aufgaben sind eine exakte Aufgabenstellung und ganz besonders das abschließende Auswertungsgespräch wichtig. In der Schlussbesprechung werden von der Lehrkraft keine vorgefertigten Lösungen präsentiert. Es wird das besprochen, was die Kinder selbstständig herausgefunden haben. Natürlich können die Schüler nur in einem Klima der Fehlerfreundlichkeit mit ihrer individuellen Denkweise an eine Aufgabe herangehen und schließlich einen möglichst großen Lernzuwachs erzielen. Die Behandlung guter Aufgaben bietet dem Lehrer die Chance, die unterschiedlichen Herangehensweisen der Kinder zu erfassen. Dieses Wissen ist für die individuelle Förderung unabdingbar.

Gute Aufgaben erfordern im Vorfeld eine genaue Vorbereitung vom Lehrer.

Bietet eine Lehrkraft offene Aufgaben im Unterricht an, muss sie mit anfänglichen Stolpersteinen rechnen. Lassen Sie sich davon nicht entmutigen. Die Kinder müssen erst lernen, dass es zu einer Aufgabe ganz viele Lösungen geben kann und dass man manchmal einfach ausprobieren muss, um weiterzukommen. Der Lehrer muss lernen abzuwarten, nicht voreilig in Arbeitsphasen einzugreifen und interessante Erkenntnisse der Schüler in der Abschlussdiskussion zu besprechen. So wird die Lehrkraft immer mehr zu einem Lernpartner des Kindes und die Freude am Unterricht wird für alle Beteiligten gesteigert. Nach einiger Zeit werden Sie feststellen können, dass der offene Umgang mit Aufgaben sich nicht nur positiv auf den Mathematikunterricht auswirkt. Auch in anderen Fächern wird es den Kindern immer leichter fallen, Zusammenhänge zu entdecken und Erkenntnisse zu verbalisieren.

Wir wünschen Ihnen und Ihren Schülerinnen und Schülern viele anregende Unterrichtsstunden und spannende mathematische Erkenntnisse!

Sibylle Kapfer und Simone Motus

Grundschullehrerinnen und Mathematik-Multiplikatorinnen im Landkreis Dillingen

---

* Aus Gründen der leichteren Lesbarkeit haben wir in diesem Band die männliche Form gewählt. Selbstverständlich sind immer Lehrerinnen und Lehrer, Schülerinnen und Schüler usw. gemeint.

Forschen und entdecken im Zahlenraum bis 20

Die vorgestellten Aufgaben ermöglichen es den Kindern, in ihrem Zahlenraum Neues zu entdecken und dieses als sinnvolle Erleichterung beim Rechnen anzuwenden.

Material

- *KV Diese Zahlen kenne ich schon!*
- *KV Wir zerlegen die Zahl 7*
- *KV Rechnen mit Partnerzahlen*

Zeitlicher Rahmen

je eine Unterrichtsstunde

Vorausgehende Lernschritte

Die Aufgaben nehmen im Schwierigkeitsgrad zu. Die erste Aufgabe benötigt keinerlei Voraussetzungen, die weiteren basieren auf der Addition im Zahlenraum bis 10 bzw. bis 20 und darüber hinaus.

Durchführung

> *KV Diese Zahlen kenne ich schon!*
> Gestalte dein eigenes Zahlenplakat. Welche Zahlen kannst du schon schreiben und lesen? Male dazu und schreibe eine Rechnung auf.

Die Aufgabe bietet sich schon in den ersten Schultagen an. Die Kinder können zeigen, dass sie bereits etwas über Mathematik wissen. Wenn sie ihre Ergebnisse voll Stolz präsentieren, bekommen sie von der Gruppe eine positive Rückmeldung. Außerdem wird dadurch ein erstes Gespräch über mathematische Inhalte angeregt. Auch für den Lehrer wird in dieser Stunde deutlich, welche Kinder bereits mit Zahlen umgehen, diese aufschreiben und ihre Bedeutung erfassen können.

> *KV Wir zerlegen die Zahl 7*
> Zerlege die Zahl 7 mit Plusaufgaben. Schneide die Rechenstreifen aus und klebe sie geordnet auf ein Plakat. Schreibe auf die Rückseite deines Plakats, wie du geordnet hast.

Auf den Rechenstreifen erfassen die Kinder die Rechenstruktur auf einen Blick und halten den Bauplan der Aufgaben ein. In der anschließenden Besprechung vermuten die anderen Kinder, wie geordnet wurde. Hier ist eine gute Begründung für die jeweilige Ordnung interessant. Die Kinder haben die Möglichkeit, aufsteigend bzw. absteigend zu ordnen oder die „Partneraufgaben" einander gegenüberzustellen.

Nachdem auch andere Zahlen zerlegt wurden, können die Kinder erkennen, dass die Anzahl der möglichen Zerlegungen immer um eins größer ist als die gewählte Zahl. Es bietet sich an, diese Theorie im Verlauf des Schuljahres auch für zweistellige Zahlen zu überprüfen.

> *KV Rechnen mit Partnerzahlen*
> Zähle immer zwei aufeinanderfolgende Zahlen zusammen. Schau dir deine Ergebnisse genau an. Was stellst du fest?

Die Aufgabe bietet sich in der zweiten Klasse an, wenn gerade und ungerade Zahlen thematisiert wurden und den Kindern als abrufbares Wissen bereitstehen.

Beispiel:
$2 + 3 = 5$
$6 + 7 = 13$
$18 + 19 = 37$

Je nach individuellem Tempo und rechnerischer Fähigkeit wird nun die Addition geübt. Die Kinder stellen fest, dass alle Ergebniszahlen ungerade sind. Daraus ergibt sich im Auswertungsgespräch die folgende Erkenntnis:

→ Wenn ich eine gerade und eine ungerade Zahl zusammenzähle, ist das Ergebnis immer ungerade.

Impulse zur Weiterarbeit

> Lasse zwischen zwei Zahlen immer eine Zahl aus und zähle die beiden zusammen. Was stellst du fest?
>
> Beispiel:
> $4 + 6 = 10$
> $11 + 13 = 24$
> $18 + 20 = 38$

Auch die Erkenntnisse daraus werden nun wieder gemeinsam besprochen und an der Tafel veranschaulicht:

→ Wenn ich zwei gerade/ungerade Zahlen zusammenzähle, erhalte ich immer ein gerades Ergebnis.

Diese Entdeckungen lassen sich später auf einen größeren Zahlenraum ausweiten. Damit haben die Kinder ein Mittel an der Hand, um Rechenergebnisse auf ihre Richtigkeit zu überprüfen.

Name: Datum:

Diese Zahlen kenne ich schon!

Gestalte dein eigenes Zahlenplakat.
Welche Zahlen kannst du schon schreiben und lesen?
Male dazu und schreibe eine Rechnung auf.

Name:	Datum:

Wir zerlegen die Zahl 7

Zerlege die Zahl 7 mit Plusaufgaben.
Schneide die Rechenstreifen aus und klebe sie geordnet auf ein Plakat.
Schreibe auf die Rückseite deines Plakats, wie du geordnet hast.

+	= 7
+	= 7
+	= 7
+	= 7
+	= 7
+	= 7
+	= 7
+	= 7
+	= 7
+	= 7

Name: Datum:

Rechnen mit Partnerzahlen

Zähle immer zwei aufeinanderfolgende Zahlen zusammen.

1	2	3	4	5	6	7	8	9	10	11	12	13	14	15	16	17	18	19	20

____ + ____ = ____   ____ + ____ = ____

____ + ____ = ____   ____ + ____ = ____

____ + ____ = ____   ____ + ____ = ____

____ + ____ = ____   ____ + ____ = ____

____ + ____ = ____   ____ + ____ = ____

____ + ____ = ____   ____ + ____ = ____

____ + ____ = ____   ____ + ____ = ____

____ + ____ = ____   ____ + ____ = ____

____ + ____ = ____   ____ + ____ = ____

____ + ____ = ____

Schau dir deine Ergebnisse genau an. Was stellst du fest?

Arbeit mit Ziffernkarten

Vielfältige Übungsmöglichkeiten

Material

- *KV Ziffernkarten 0 bis 9*
  (ein Ziffernset für je zwei Schüler)

Aufgaben im Zahlenraum bis 10

Zuordnung Zahl – Menge
Ein Schüler hält eine beliebige Zahlenkarte hoch, der Partner muss diese Anzahl klatschen, stampfen, mit Plättchen legen usw.

Größenvergleich zweier Zahlen
Zwei Kinder ziehen je eine Karte. Wer die größere Zahl hat, bekommt einen Gewinnpunkt.

Übung der Addition
Die Schüler bilden Plusaufgaben aus zwei, drei oder vier Summanden. Das Ergebnis soll immer 10 sein.

Übung der Subtraktion
Es werden zwei beliebige Karten gezogen. Aus den Zahlen bilden die Kinder eine Minusrechnung.

Eine interessante Frage lautet: Wie musst du deine Zahlenkarten wählen, um das größtmögliche / kleinstmögliche Ergebnis zu erhalten?

Aufgaben im Zahlenraum bis 100

Zählen bis 100
Ein Kind legt aus zwei Karten eine zweistellige Zahl. Der Partner liest die Zahl vor und zählt dann weiter bis zur nächsten Zehnerzahl.

Legeübungen für zweistellige Zahlen
Lege eine Zahl zwischen 40 und 50.
Lege eine Zahl mit 7 Zehnern.
Lege eine Zahl, die genauso viele Zehner wie Einer hat.
Lege eine Zahl, die doppelt so viele Zehner wie Einer hat.
Lege die Zahl, die zwischen 49 und 51 liegt.
Lege die Zahl, die vor 99 kommt.
Lege die Anzahl der Kinder in unserer Klasse.
Lege die größtmögliche / kleinstmögliche zweistellige Zahl.

Solche Übungen eignen sich auch gut für die Aufwärmphase zu Beginn einer Mathematikstunde.

Verschiedene Zahlen aus drei Ziffern
Die Schüler wählen drei Ziffernkarten aus und bilden damit alle möglichen zweistelligen Zahlen. Danach ordnen sie die (sechs) gefundenen Zahlen.

Diese Aufgabe fördert kombinatorische Fähigkeiten. Im Anschluss an die Durchführung bietet sich ein Gespräch darüber an, wie die Kinder vorgegangen sind.

Nachbarzahlen
Aus zwei beliebigen Ziffernkarten wird eine zweistellige Zahl gelegt. Nun nennt das eine Kind den Vorgänger, das andere den Nachfolger der Zahl.

Übung der Addition
Die Summe zweier zweistelliger Zahlen soll 100 ergeben. Die Schüler wählen geeignete Ziffernkarten aus und notieren die Additionen.

Wenn alle Paare mehrere Rechnungen mit dem gewünschten Ergebnis gefunden haben, besprechen die Kinder, was ihnen bei der Arbeit aufgefallen ist:
→ Die Summe der beiden Zehner beträgt immer 9. Die Einer ergeben zusammen 10. Die 0 und die 5 stehen nie an der Einerstelle.

Übung der Subtraktion
Die Schüler wählen vier Ziffernkarten aus und bilden daraus zwei zweistellige Zahlen. Nun subtrahieren sie die kleinere von der größeren Zahl.

Bei dieser offenen Aufgabenstellung haben schwache Kinder die Möglichkeit, einfachere Rechnungen zu legen (Abziehen von Zehnerzahlen).
Als Zusatzaufgabe bietet sich die folgende Fragestellung an: Welche Ziffernkarten musst du wählen, um das größtmögliche / kleinstmögliche Ergebnis zu erzielen?

Übung der Multiplikation
Die Schüler brauchen die Ziffernkarten 2, 3, 4 und 5. Je zwei der Zahlen sollen miteinander multipliziert werden. Die Kinder suchen alle Möglichkeiten und ordnen diese anschließend.

Wenn man die Tauschaufgaben außer Acht lässt, gibt es sechs Produkte. Diese können z.B. so geordnet werden:

$2 \cdot 3$	$3 \cdot 4$	$4 \cdot 5$
$2 \cdot 4$	$3 \cdot 5$	
$2 \cdot 5$		

Ziffernkarten 0 bis 9

0	1	2	3	4
5	6.	7	8	9.
0	1	2	3	4
5	6.	7	8	9.
0	1	2	3	4
5	6.	7	8	9.

Arbeit mit Ziffernkarten

Plusaufgaben mit Ziffernkarten – Entdeckungen an der Hundertertafel

Material

- *KV Ziffernkarten 0 bis 9* (ein Ziffernset für je zwei Schüler)
- große Ziffernkarten mit den Ziffern 1, 2, 3 und 5 für die Tafel
- *KV Rechenplan*
- *KV Plusaufgaben mit Ziffernkarten*
- *KV Aufträge für Matheforscher*

Zeitlicher Rahmen

ca. 60 Minuten

Vorausgehende Lernschritte

Die Aufgabe basiert auf der Addition zweistelliger Zahlen bis 100 ohne Zehnerübergang. Die Handhabung der Ziffernkarten sollte den Kindern vertraut sein. Es ist hilfreich, wenn die Schüler bereits Erfahrungen im Umgang mit der Hundertertafel gesammelt haben.

Durchführung

1. Vorübung
Legeübungen mit Ziffernkarten: Je zwei Schüler erhalten Ziffernkarten und bilden eine Zahl mit fünf Einern, eine Zahl mit sechs Zehnern und halb so vielen Einern, die größtmögliche zweistellige Zahl usw.

2. Initiation/Präsentation
2.1. Schüleraktivität 1

Der Lehrer präsentiert die Aufgabe:

> *KV Plusaufgaben mit Ziffernkarten*
> Lege aus den Ziffernkarten 1, 2, 3 und 5 verschiedene zweistellige Zahlen und zähle jeweils zwei zusammen. Markiere alle Ergebnisse auf der Hundertertafel.

Zum besseren Verständnis wird ein Beispiel gemeinsam an der Tafel gerechnet. Danach widmen sich die Kinder in Partnerarbeit dem gestellten Auftrag. Die Umsetzung fällt den Schülern leichter, wenn sie ihre Ziffernkarten auf einen vorgegebenen Rechenplan auflegen können *(KV Rechenplan)*. Dieser gibt das gewünschte Format der Additionen wieder: zweistellige Zahl plus zweistellige Zahl.

2.2. Reflexion/Auswertung 1
Anschließend findet eine erste Besprechung statt. Dazu kommen die Kinder mit ihrem Arbeitsblatt in den Sitzhalbkreis. Die Schüler verbalisieren, was ihnen bei der Arbeit aufgefallen ist, z.B. dass die Ergebnisse in der Hundertertafel auf einer Diagonalen liegen. Einige Aufgaben und alle sechs möglichen Ergebnisse werden an der Tafel gesammelt. Im Gespräch wird geklärt, warum manche Aufgaben gleiche Summen aufweisen. In einigen Fällen können die Schüler auf ihr Wissen über Tauschaufgaben zurückgreifen (z.B. 23 + 51 = 51 + 23 = 74). Des Weiteren wird folgende Einsicht herausgearbeitet: Bei Vertauschung der Zehner und Gleichbleiben der Einer (oder umgekehrt) ändert sich das Ergebnis nicht (z.B. 23 + 51 = 53 + 21 = 74).

2.3. Schüleraktivität 2
Nun werden die sechs Ergebnisse in Partnerarbeit mit entsprechenden Forscheraufträgen *(KV Aufträge für Matheforscher)* untersucht.

2.4. Reflexion/Auswertung 2
Im Sitzhalbkreis werden die „Forscherergebnisse" verbalisiert. Dabei sind mehrere Antworten möglich und richtig. Schauen wir uns zum Beispiel an, welche unterschiedlichen Entdeckungen die Kinder je nach ihren mathematischen Kompetenzen bei Aufgabe 1 machen können: (Im Folgenden wird davon ausgegangen, dass die Zahlen beginnend mit der kleinsten geordnet wurden.)

- Von oben nach unten gelesen werden die Zehner jeweils um 1 größer, die Einer um 1 kleiner.
- Von oben nach unten gelesen werden die Zahlen jeweils um 9 größer.
- Die Quersumme jeder Zahl ist 11.

Praxis-Tipps

Um die Kinder nicht zu überfordern und ihnen die Möglichkeit zur Entspannung zu geben, sollte vor der zweiten Erarbeitungsphase eine Bewegungspause eingefügt werden, z.B. „Da wir sechs Ergebniszahlen gefunden haben, darfst du jetzt sechs Hampelmänner machen, sechsmal hüpfen …"
Natürlich kann der Unterrichtsinhalt auch auf zwei Einheiten aufgeteilt werden. Dann ist eine Zäsur nach dem ersten Auswertungsgespräch sinnvoll.
In den Besprechungen ist es wichtig, dass der Lehrer auf die korrekte Verwendung der Begriffe „Zahl" und „Ziffer" achtet.

Impulse zur Weiterarbeit

> Was passiert, wenn wir mit vier anderen Ziffernkarten rechnen?

Rechenplan

+

+

+

+

+

Name: Datum:

Plusaufgaben mit Ziffernkarten

Lege aus den Ziffernkarten 1, 2, 3 und 5 verschiedene zweistellige Zahlen und zähle jeweils zwei zusammen.
Markiere alle Ergebnisse auf der Hundertertafel.

[ ][ ] + [ ][ ] = [ ][ ]	[ ][ ] + [ ][ ] = [ ][ ]
[ ][ ] + [ ][ ] = [ ][ ]	[ ][ ] + [ ][ ] = [ ][ ]
[ ][ ] + [ ][ ] = [ ][ ]	[ ][ ] + [ ][ ] = [ ][ ]
[ ][ ] + [ ][ ] = [ ][ ]	[ ][ ] + [ ][ ] = [ ][ ]
[ ][ ] + [ ][ ] = [ ][ ]	[ ][ ] + [ ][ ] = [ ][ ]
[ ][ ] + [ ][ ] = [ ][ ]	[ ][ ] + [ ][ ] = [ ][ ]

1	2	3	4	5	6	7	8	9	10
11	12	13	14	15	16	17	18	19	20
21	22	23	24	25	26	27	28	29	30
31	32	33	34	35	36	37	38	39	40
41	42	43	44	45	46	47	48	49	50
51	52	53	54	55	56	57	58	59	60
61	62	63	64	65	66	67	68	69	70
71	72	73	74	75	76	77	78	79	80
81	82	83	84	85	86	87	88	89	90
91	92	93	94	95	96	97	98	99	100

Name: Datum:

Aufträge für Matheforscher

Schreibe alle 6 Ergebnisse von deinem Arbeitsblatt „Plusaufgaben mit Ziffernkarten“ der Größe nach geordnet untereinander auf. Was fällt dir auf?

Das fällt mir auf:

Schau dir die 6 Ergebnisse noch einmal genau an. Immer zwei Zahlen passen gut zusammen. Schreibe die Ergebnisse, die gut zusammenpassen, nebeneinander. Erkläre, warum diese Zahlen gut zusammenpassen.

Male die Zahl 29 auf deinem Hunderterfeld gelb an. Warum können wir mit unseren Ziffernkarten keine Rechnung legen, die das Ergebnis 29 hat?

Arbeit mit Ziffernkarten

Minusaufgaben mit Umkehrzahlen – Entdeckungen an der Hundertertafel

Material

- *KV Ziffernkarten 0 bis 9*
  (ein Ziffernset für je zwei Schüler)
- *KV Minusaufgaben mit Umkehrzahlen (1)*
- *KV Minusaufgaben mit Umkehrzahlen (2)*

Zeitlicher Rahmen

zwei Unterrichtsstunden

Vorausgehende Lernschritte

Die Schüler üben durch die Subtraktion der Umkehrzahlen das Abziehen im Zahlenraum bis 100 mit Zehnerübergang. Der Umgang mit Ziffernkarten und mit der Hundertertafel sollte vertraut sein.

Durchführung

1. Vorübung

Der Lehrer stellt die Aufgabe:

> *KV Minusaufgaben mit Umkehrzahlen (1)*
> Wähle zwei Ziffernkarten und bilde daraus zwei zweistellige Zahlen. Rechne die größere Zahl minus die kleinere Zahl. Markiere die Ergebnisse auf der Hundertertafel.

Zur Klärung werden an der Tafel einige Beispielrechnungen gebildet. Dabei wird wiederholt, dass bei Subtraktionen immer die größere Zahl vor dem Minus stehen muss.

2. Initiation/Präsentation
2.1. Schüleraktivität 1
Nun rechnen die Kinder zusammen mit ihrem Partner *(KV Minusaufgaben mit Umkehrzahlen 1)*. Wenn sie genügend Ergebniszahlen in der Hundertertafel markieren konnten, schreiben sie auf, was ihnen an den Resultaten auffällt.

2.2. Reflexion/Auswertung 1
Die Schüler kommen mit ihrem Arbeitsblatt in den Sitzhalbkreis und verbalisieren ihre Entdeckungen. Der Lehrer notiert wichtige Erkenntnisse stichpunktartig an der Tafel.

- Die Ergebnisse liegen auf der Hundertertafel in Form einer Diagonalen.
- Manche Rechnungen haben das gleiche Ergebnis.
- Es gibt acht verschiedene Ergebnisse:
  9, 18, 27, 36, 45, 54, 63, 72
- Die Ergebniszahlen unterscheiden sich um 9.
- Die Quersumme jeder Ergebniszahl ist 9.

2.3. Schüleraktivität 2
Im Anschluss daran oder besser an einem darauffolgenden Tag sollen die Schüler herausfinden, wie die zwei Ziffern gewählt werden müssen, um als Ergebnis der Subtraktion 9 zu erhalten. Als Sozialform eignet sich wieder die Partnerarbeit. *(KV Minusaufgaben mit Umkehrzahlen 2)*. Nachdem die Kinder genügend Aufgaben mit dem gewünschten Ergebnis gesammelt haben, erkennen sie, dass sich die zwei Ziffern um 1 unterscheiden müssen:

21 – 12 = 9
32 – 23 = 9
43 – 34 = 9 usw.

Um herauszufinden, warum die Differenz in diesem Fall 9 beträgt, markieren sie die zweistelligen Zahlen, die sie in den Rechnungen verwendet haben, farbig auf der Hundertertafel.

2.4. Reflexion/Auswertung 2
Die acht Minusrechnungen mit dem gewünschten Ergebnis werden an der Tafel gesammelt und geordnet. Dann verbalisieren die Kinder, nach welcher Regel die Ziffern gewählt werden müssen, um am Ende die Differenz 9 zu erhalten. Eine Erklärung hierfür wird durch die Lage der beiden zweistelligen Zahlen in der Hundertertafel möglich: Es ist bekannt, dass „plus 10“ in der Hundertertafel bedeutet, ein Kästchen nach unten zu hüpfen. Ein Kästchen nach links heißt „minus 1“. Um von der kleineren zweistelligen Zahl zur größeren zu gelangen, muss man ein Kästchen nach unten und eines nach links springen, also „plus 10 minus 1“ rechnen, kurz „plus 9“.

Praxis-Tipps

Das Kapitel „Plusaufgaben mit Ziffernkarten – Entdeckungen an der Hundertertafel“ (S. 10) weist große Ähnlichkeit mit dem ersten Teil des hier dargestellten Verlaufs auf. Vielleicht haben Sie die Übungsstunde zur Addition in Ihrer Klasse bereits durchgeführt. Dann können die Kinder jetzt auf ihre Lernerfahrungen zurückgreifen und darauf aufbauen.

Impulse zur Weiterarbeit

> Wie müssen die beiden Ziffern gewählt werden, um als Ergebnis der Subtraktion 18 (27, 36 usw.) zu erhalten? Warum kann die 81 nicht als Ergebnis erreicht werden?

Name:	Datum:

Minusaufgaben mit Umkehrzahlen (1)

Wähle zwei Ziffernkarten und bilde daraus zwei zweistellige Zahlen.
Rechne die größere Zahl minus die kleinere Zahl.
Markiere die Ergebnisse auf der Hundertertafel.

[ ][ ] – [ ][ ] = [ ][ ]   [ ][ ] – [ ][ ] = [ ][ ]

[ ][ ] – [ ][ ] = [ ][ ]   [ ][ ] – [ ][ ] = [ ][ ]

[ ][ ] – [ ][ ] = [ ][ ]   [ ][ ] – [ ][ ] = [ ][ ]

[ ][ ] – [ ][ ] = [ ][ ]   [ ][ ] – [ ][ ] = [ ][ ]

1	2	3	4	5	6	7	8	9	10
11	12	13	14	15	16	17	18	19	20
21	22	23	24	25	26	27	28	29	30
31	32	33	34	35	36	37	38	39	40
41	42	43	44	45	46	47	48	49	50
51	52	53	54	55	56	57	58	59	60
61	62	63	64	65	66	67	68	69	70
71	72	73	74	75	76	77	78	79	80
81	82	83	84	85	86	87	88	89	90
91	92	93	94	95	96	97	98	99	100

Schau dir die Ergebniszahlen, die du auf der Hundertertafel markiert hast, genau an. Was fällt dir auf?

____

____

Name: Datum:

Minusaufgaben mit Umkehrzahlen (2)

Wähle zwei Ziffernkarten aus. Bilde daraus zwei zweistellige Zahlen.
Rechne die größere Zahl minus die kleinere Zahl.
Du möchtest als Ergebnis 9 erhalten. Wie musst du deine Ziffern wählen?
Markiere deine Zahlen farbig auf der Hundertertafel.

□□ – □□ = 9   □□ – □□ = 9

□□ – □□ = 9   □□ – □□ = 9

□□ – □□ = 9   □□ – □□ = 9

1	2	3	4	5	6	7	8	9	10
11	12	13	14	15	16	17	18	19	20
21	22	23	24	25	26	27	28	29	30
31	32	33	34	35	36	37	38	39	40
41	42	43	44	45	46	47	48	49	50
51	52	53	54	55	56	57	58	59	60
61	62	63	64	65	66	67	68	69	70
71	72	73	74	75	76	77	78	79	80
81	82	83	84	85	86	87	88	89	90
91	92	93	94	95	96	97	98	99	100

Schreibe die Regel auf.

Arbeit mit Ziffernkarten

Untersuchung von Rechentermen aus Plus-, Minus- und Malaufgaben

Material

- *KV Ziffernkarten 0 bis 9*
  (ein Ziffernset für je zwei Schüler)
- große Ziffernkarten 0 bis 9 für die Tafel
- *KV Rechenterme mit Ziffernkarten (1)*
- *KV Rechenterme mit Ziffernkarten (2)*

Zeitlicher Rahmen

zwei Unterrichtsstunden

Vorausgehende Lernschritte

Die Multiplikation muss bereits eingeführt sein. Außerdem sollte den Schülern die Regel „Punkt vor Strich“ bekannt sein: In längeren Rechnungen müssen zuerst die Malaufgaben ausgerechnet werden, danach wird addiert bzw. subtrahiert.

Durchführung

1. Vorübung
Ein Partner wählt aus den Karten 0 bis 5 zwei Ziffernkarten aus, der andere multipliziert die beiden Zahlen oder bildet die entsprechende Plusaufgabe und rechnet sie aus.

2. Initiation/Präsentation
Der Lehrer zeichnet den Rechenplan (s. unterer Rand auf *KV Rechenterme mit Ziffernkarten 1*) an die Tafel. Dann werden je drei beliebige Zahlenkarten ausgewählt und einige Beispiele gemeinsam gerechnet. Dabei werden die Zwischenergebnisse wie später auf dem Arbeitsblatt direkt unter dem Term schriftlich festgehalten. Da in der Grundschule noch nicht mit negativen Zahlen gerechnet wird, werden nur Terme mit positiven Ergebnissen als lösbar bzw. sinnvoll bezeichnet.

2.1. Schüleraktivität 1
Die Schüler erhalten das Arbeitsblatt *(KV Rechenterme mit Ziffernkarten 1)* und schneiden den Rechenplan ab. Nun können sie drei Ziffernkarten auf den Plan auflegen und so die erste Aufgabe bearbeiten: Durch Ausprobieren und geschicktes Auswählen der Ziffernkarten versuchen die Kinder in Partnerarbeit, große Ergebnisse zu erhalten. Sie suchen das größtmögliche Resultat und geben eine Begründung dafür an.

2.2. Reflexion/Auswertung 1
Das größtmögliche Ergebnis ergibt sich so:

$8 \cdot 2 + 9 \cdot 5 - 0 \cdot 10 = 16 + 45 - 0 = 61$

Die Schüler erklären, dass die kleinste Ziffernkarte, die 0, mit der 10 malgenommen werden muss. So wird nichts abgezogen. Um eine möglichst große Summe zu erzielen, müssen vorne die beiden größten Ziffernkarten, also die 8 und 9, eingesetzt werden.

2.3. Schüleraktivität 2
In der darauffolgenden Mathematikstunde suchen die Schüler Rechnungen mit dem Ergebnis 0 *(KV Rechenterme mit Ziffernkarten 2)*. Sie halten schriftlich fest, was ihnen an den Aufgaben auffällt (z.B. die 2 wird immer mit 0 oder 5 malgenommen, die 5 wird stets mit geraden Zahlen multipliziert, vor der 10 steht keine größere Zahl als 4).

2.4. Reflexion/Auswertung 2
Alle Aufgaben mit dem Ergebnis 0, die die Kinder gefunden haben, werden an der Tafel gesammelt und sortiert. Die sechs möglichen Terme lassen sich z.B. auf folgende Art ordnen:

$0 \cdot 2 + 2 \cdot 5 - 1 \cdot 10 = 0$ $\quad 5 \cdot 2 + 4 \cdot 5 - 3 \cdot 10 = 0$

$0 \cdot 2 + 4 \cdot 5 - 2 \cdot 10 = 0$ $\quad 5 \cdot 2 + 6 \cdot 5 - 4 \cdot 10 = 0$

$0 \cdot 2 + 6 \cdot 5 - 3 \cdot 10 = 0$

$0 \cdot 2 + 8 \cdot 5 - 4 \cdot 10 = 0$

Nachdem die Kinder verbalisiert haben, was ihnen an den Rechnungen aufgefallen ist, kann weiter überlegt werden, z.B.: Warum steht bei keiner Rechnung die 0 vor der 10? Warum ist 4 mal 5 genauso viel wie 2 mal 10? $(4 \cdot 5 = 5 + 5 + 5 + 5 = 10 + 10 = 2 \cdot 10)$

Praxis-Tipps

Nach der Hinführung kann näher untersucht werden, wann überhaupt lösbare bzw. sinnvolle Ergebnisse erreicht werden. Die Zahlen 7, 8 und 9 dürfen nicht vor der 10 stehen. Wenn die 6 mit der 10 multipliziert wird, ist nur ein Ergebnis möglich:

$8 \cdot 2 + 9 \cdot 5 - 6 \cdot 10 = 1$

Impulse zur Weiterarbeit

In ähnlicher Art und Weise kann auch mit anderen Termen gearbeitet werden, z.B.:
Mit drei Ziffernkarten:

$2 \cdot \_\_\_ + 5 \cdot \_\_\_ + \_\_\_ = \_\_\_$

$\_\_\_ \cdot 2 + \_\_\_ - \_\_\_ = \_\_\_$

$\_\_\_ \cdot 10 - \_\_\_ \cdot 2 - \_\_\_ = \_\_\_$

Mit vier Ziffernkarten:

$\_\_\_ + \_\_\_ \cdot 2 + \_\_\_ \cdot 5 - \_\_\_ = \_\_\_$

Name: Datum:

Rechenterme mit Ziffernkarten (1)

Suche Rechnungen mit möglichst großen Ergebnissen.

☐ · 2 + ☐ · 5 − ☐ · 10 = ☐   ☐ · 2 + ☐ · 5 − ☐ · 10 = ☐

☐ + ☐ − ☐ = ☐   ☐ + ☐ − ☐ = ☐

☐ · 2 + ☐ · 5 − ☐ · 10 = ☐   ☐ · 2 + ☐ · 5 − ☐ · 10 = ☐

☐ + ☐ − ☐ = ☐   ☐ + ☐ − ☐ = ☐

Wie lautet das größtmögliche Ergebnis?

☐ · 2 + ☐ · 5 − ☐ · 10 = ☐

☐ + ☐ − ☐ = ☐

Erkläre: Warum erhältst du so das größtmögliche Ergebnis?

____

____

✂- -

Mein Rechenplan

☐ · 2 + ☐ · 5 − ☐ · 10

Name: Datum:

Rechenterme mit Ziffernkarten (2)

Finde Rechnungen mit dem Ergebnis 0.

□ · 2 + □ · 5 – □ · 10 = □   □ · 2 + □ · 5 – □ · 10 = □

□ + □ – □ = □   □ + □ – □ = □

□ · 2 + □ · 5 – □ · 10 = □   □ · 2 + □ · 5 – □ · 10 = □

□ + □ – □ = □   □ + □ – □ = □

□ · 2 + □ · 5 – □ · 10 = □   □ · 2 + □ · 5 – □ · 10 = □

□ + □ – □ = □   □ + □ – □ = □

□ · 2 + □ · 5 – □ · 10 = □   □ · 2 + □ · 5 – □ · 10 = □

□ + □ – □ = □   □ + □ – □ = □

Schau dir deine Rechnungen mit dem Ergebnis 0 noch einmal an.
Was fällt dir auf?

Zahlenmauern

Zahlenmauern und die Kraft der Mitte

Material

- große Zahlenkarten mit den Zahlen 4, 10 und 31 für die Tafel
- Farbkarten (3 rote, 3 blaue, 5 gelbe)
- *KV Große Zahlenmauer*
- *KV Zahlenmauern bis 10*
- *KV Zahlenmauern bis 100*
- *KV Zahlenkarten für Zahlenmauern ohne Zehnerübergang*
- *KV Zahlenkarten für Zahlenmauern mit Zehnerübergang*
- *KV Zahlenmauern-Spiel*
- *KV Das Geheimnis der Zahlenmauern – Wie erreiche ich die größte Dachzahl?*

Zeitlicher Rahmen

ca. 60 Minuten

Vorausgehende Lernschritte

Die Addition zweistelliger Zahlen bis 100 mit bzw. ohne Zehnerübergang wird geübt (Differenzierung durch Austeilen verschiedener Zahlenkarten s. KV). Das Format der Zahlenmauer (in einem Stein steht die Summe der beiden darunter liegenden Steine) sollte in der ersten Klasse eingeführt werden *(KV Zahlenmauern bis 10)*. Bevor in der zweiten Klasse die „Kraft der Mitte" besprochen wird, sollte das Berechnen von Zahlenmauern ohne Zehnerübergang wiederholt werden (*KV Zahlenmauern bis 100*).

Durchführung

1. Vorübung
Die Schüler ordnen an der Tafel die Zahlen 4, 10 und 31 in der untersten Reihe einer Zahlenmauer auf drei verschiedene Arten an. Dann wird vermutet, ob diese Zahlenmauern alle die gleiche Dachzahl haben (das ist die Zahl, die in der Zahlenmauer ganz oben steht). Erfahrungsgemäß beantworten viele Zweitklässler die Frage spontan mit „Ja". Nachdem jeder Schüler eine der Zahlenmauern ausgerechnet hat, wird jedoch klar, dass *nicht* alle Zahlenmauern die gleiche Dachzahl haben.

2. Initiation/Präsentation
2.1. Schüleraktivität 1
Mit diesem Vorwissen können die Kinder die *KV Zahlenmauern-Spiel* verstehen und mit dem Partner durchführen. Wichtig: Jeder Schüler erhält ein eigenes Arbeitsblatt, aber bei jeder Spielrunde ziehen zwei Kinder zusammen nur eine Zahlenkarte.

2.2. Reflexion 1
Während des Spiels entwickeln einige Kinder bereits Theorien, wie die Zahlen für eine möglichst hohe Gewinnchance angeordnet werden müssen und dürfen nun der Klasse ihre Vermutung vorstellen.

2.3. Schüleraktivität 2
Jetzt werden die „Tricks" der Kinder überprüft, um herauszufinden, wie man bei diesem Spiel immer gewinnt. Die Schüler bekommen den Auftrag, mit einem Partner *alle* Zahlenmauern, die mit den Zahlen 4, 10 und 31 im untersten Stock gebildet werden können, zu finden und auszurechnen *(KV Das Geheimnis der Zahlenmauern – Wie erreiche ich die größte Dachzahl?)*. Auffälligkeiten halten sie schriftlich fest. Es kommt darauf an, herauszufinden, wie man die drei Zahlen unten anordnen muss, um die größte Dachzahl zu bekommen.

2.4. Reflexion 2
Die sechs möglichen Zahlenmauern mit 4, 10 und 31 im untersten Stockwerk werden an der Tafel gesammelt. Die Kinder erkennen, dass es drei verschiedene Dachzahlen gibt, also immer zwei Mauern die gleiche Dachzahl haben. Bei den Mauern mit der gleichen Dachzahl sind im unteren Stockwerk die linke und die rechte Eckzahl vertauscht. Warum solche Zahlenmauern die gleiche Dachzahl haben, lässt sich mit dem bekannten Wissen „Tauschaufgaben haben das gleiche Ergebnis" begründen. Schließlich kann der Gewinntrick für das Spiel formuliert werden: Die größte Dachzahl wird erreicht, wenn die größte der drei Zahlen in die Mitte gesetzt wird (hier die 31).

Praxis-Tipps

Farbige Kärtchen statt der Zahlen können die „Kraft der Mitte" veranschaulichen, z. B.

links unten: (rot)
in der Mitte unten: (gelb)
rechts unten: (blau)

Nun können auch die Rechnungen für die Zahlen im mittleren Stockwerk mit Farben ausgedrückt werden:

links: (rot + gelb)
rechts: (gelb + blau)

Die Dachzahl lautet folglich (rot + gelb + gelb + blau). Jetzt ist deutlich zu sehen, dass die Farbe gelb, also die Farbe bzw. Zahl in der Mitte unten, für die Dachzahl eine besondere Rolle spielt.

Impulse zur Weiterarbeit

Was passiert mit der Dachzahl, wenn ich im untersten Stock eine Zahl um 1 erhöhe?

Große Zahlenmauer

Name:	Datum:

Zahlenmauern bis 10

Rechne die Zahlenmauern aus.

1	2	3

0	3	3

4	1	2

0	3	0

Finde passende Zahlen für die Lücken.

	8	
2		
1		

	9	
	5	
		4

	9	
0		5

	7	
2		1

Suche Zahlenmauern mit der Dachzahl 10.

	10	

	10	

	10	

	10	

Erfinde eigene Zahlenmauern.

Name:	Datum:

Zahlenmauern bis 100

Rechne die Zahlenmauern aus.

20	30	10

10	20	10

47	30	0

24	11	20

Finde passende Zahlen für die Lücken.

	80	
50		
30		

	58	
50		
48		

	90	
40		10

	42	
7		25

Suche Zahlenmauern mit der Dachzahl 100.

	100	

	100	

	100	

	100	

Erfinde eigene Zahlenmauern.

Zahlenkarten für Zahlenmauern ohne Zehnerübergang

	20			3			20			10	
10		24	2		32	13		21	2		23
	10			21			12			21	
3		31	11		31	10		30	12		22
	12			5			10			10	
10		20	0		40	1		30	2		40
	5			11			3			3	
0		20	10		22	2		40	2		20
	3			3			20			10	
2		30	1		31	10		30	0		30
	4			11			21			20	
0		40	10		20	13		30	12		32
	10			3			20			4	
2		20	1		11	2		30	2		20
	20			10			13			10	
4		30	2		12	10		20	3		20

Zahlenkarten für Zahlenmauern mit Zehnerübergang

18	17	20	15
17 29	16 18	16 27	12 19
14	15	18	19
7 28	8 33	17 27	9 29
18	18	17	16
8 28	16 20	15 30	7 30
20	18	14	18
16 26	11 19	9 26	10 28
14	17	15	12
8 17	18 19	19 31	18 25
15	28	25	9
29 21	11 27	28 7	29 27
19	24	19	24
27 10	17 19	13 27	18 13
14	18	19	28
17 18	19 26	27 25	14 26

Name:	Datum:

Zahlenmauern-Spiel

Spielt zu zweit. Zieht zusammen eine Zahlenkarte und schreibt die drei Zahlen in beliebiger Reihenfolge in die unterste Reihe einer Zahlenmauer. Nun rechnet eure Zahlenmauer aus. Wer die höhere Dachzahl hat, darf ein Gewinnkästchen ausmalen. Wer die meisten farbigen Gewinnkästchen hat, ist Sieger.

Meine Gewinnkästchen:

1	2	3	4	5	6	7	8	9	10
11	12	13	14	15	16	17	18	19	20

Name: Datum:

Das Geheimnis der Zahlenmauern – Wie erreiche ich die größte Dachzahl?

Suche alle Zahlenmauern mit den Zahlen 4, 10 und 31 in der untersten Reihe.

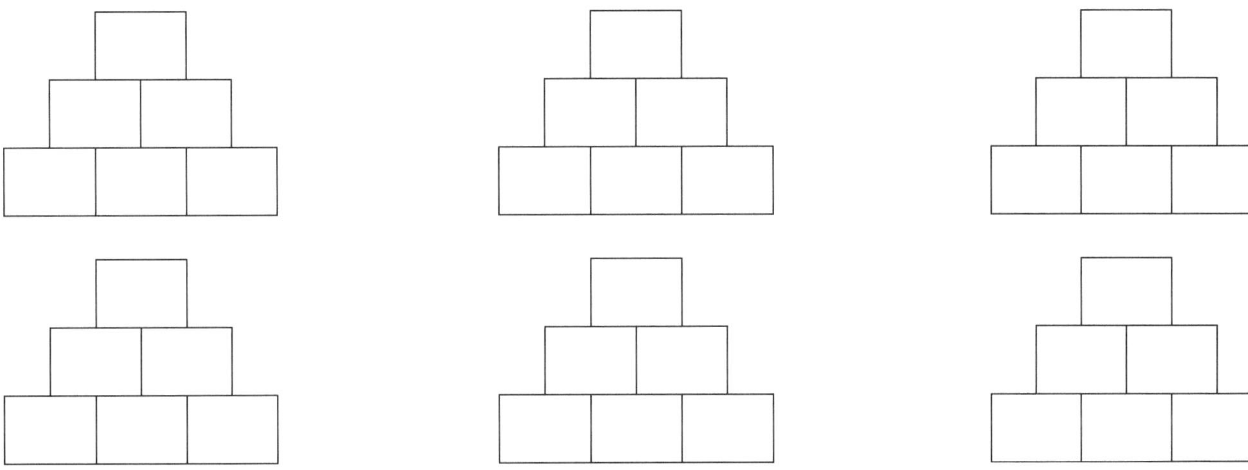

Hast du alle möglichen Zahlenmauern gefunden?
Dann sieh dir deine Mauern jetzt genau an. Was fällt dir auf?

Zahlenmauern

Minusmauern und Erforschung von Nullmauern

Material

- *KV Minusmauern ohne Zehnerübergang*
- *KV Nullmauern*
- *KV Aufgaben für Matheforscher*

Zeitlicher Rahmen

ca. 60 Minuten

Vorausgehende Lernschritte

Die „klassische" Zahlenmauer sollte den Kinder vertraut sein: In einem Stein steht die Summe der beiden darunterliegenden Steine (s. S. 20, „Zahlenmauern und die Kraft der Mitte"). Darauf aufbauend sollten die Schüler Minusmauern kennen: In einem Stein steht der Unterschied der beiden über ihm liegenden Steine.

Durchführung

1. Vorübung
Die Schüler wiederholen, wie Minusmauern berechnet werden *(KV Minusmauern)*.

2. Initiation/Präsentation
2.1. Schüleraktivität

Der Lehrer präsentiert die Aufgabe:

> *KV Nullmauern*
> Finde Nullmauern, also Minusmauern, bei denen unten in der Spitze 0 steht.

Die Kinder führen die Aufgabe mithilfe ihres Partners auf einem Arbeitsblatt *(KV Nullmauern)* aus. Wer schon viele Nullmauern gefunden hat, untersucht diese mithilfe von zwei „Forscheraufträgen" *(KV Aufgaben für Matheforscher)*.

Bei der Suche nach Nullmauern wird die Subtraktion bis 100 geübt. Die Schüler entscheiden selbst, in welchem Zahlenraum sie rechnen wollen und wie anspruchsvoll die Subtraktionen sein sollen (natürliche Differenzierung).

2.2. Reflexion
Jede Zweiergruppe wählt zwei bis drei ihrer Nullmauern aus und überträgt diese in große Mauern (*KV Große Zahlenmauer*, S. 21), die an der Tafel gesammelt werden. Im Sitzhalbkreis sprechen die Schüler über die Nullmauern: Sind alle richtig berechnet? Was fällt dir an den Nullmauern auf? Was ist an allen gleich? (Die zwei Zahlen in der mittleren Reihe sind bei allen Nullmauern gleich.) Welche Mauern passen gut zusammen?

Es stellt sich heraus, dass die Nullmauern in folgende Gruppen geordnet werden können:

1. Die drei Steine oben sind gleich. In diesem Fall steht in der mittleren Reihe zweimal die Null.
2. Die zwei Steine links oben und rechts oben sind gleich.
3. Die drei oberen Steine stellen eine aufsteigende oder absteigende Zahlenfolge dar. (Beispiel für eine aufsteigende Folge: 9, 10, 11; Beispiel für eine absteigende Folge: 70, 65, 60)

3. Mögliche Weiterführung
Der Lehrer hängt mehrere Minusmauern, in denen nur die oberen drei Zahlen eingetragen sind, an die Tafel. Nun suchen die Schüler die Nullmauern heraus. Dazu sollen aber die zwei Zahlen in der mittleren Reihe nicht ausgerechnet werden. Mithilfe der gerade erarbeiteten Merkmale von Nullmauern erkennen die Kinder auf einen Blick, bei welchen Minusmauern es sich um Nullmauern handelt.

Praxis-Tipps

Erfahrungsgemäß finden Zweitklässler viele Nullmauern aus der ersten und aus der zweiten Gruppe. Aus der dritten Gruppe entdecken die Kinder möglicherweise nur die Nullmauern, bei denen die drei Zahlen in der oberen Reihe jeweils um 1 größer werden (Beispiel 3, 4, 5). Der Lehrer sollte die Lösung jedoch nicht selbst vervollständigen. Stattdessen könnte den Kindern in der Vorviertelstunde oder in der nächsten Mathematikstunde die Möglichkeit gegeben werden, weitere Nullmauern zu suchen.

Impulse zur Weiterarbeit

Sind die gefundenen Merkmale auf größere Nullmauern übertragbar (4 oder 5 Steine in der obersten Reihe)? Können auch Minusmauern, in deren Spitze die 1 steht, nach bestimmten Merkmalen geordnet werden?

Name: Datum:

Minusmauern ohne Zehnerübergang

Rechne die Minusmauern aus.

100	20	80

90	10	50

42	2	72

30	50	85

79	40	60

31	98	28

13	24	67

55	11	22

6	67	7

13	43	89

75	12	12

23	59	38

Suche passende Zahlen.

	10	

	30	

	21	

	45	

Erfinde eigene Minusmauern.

Name: Datum:

Nullmauern

Finde Nullmauern, also Minusmauern, bei denen unten in der Spitze 0 steht.

Name: Datum:

Aufgaben für Matheforscher

Schaut euch eure Nullmauern genau an. Was ist bei allen gleich?

Welche eurer Nullmauern passen gut zusammen?
Kreist diese Mauern in der gleichen Farbe ein.
Erklärt dann: Warum passen diese Nullmauern gut zusammen?

Sachbezogene Mathematik

Individuelle Lösungswege

Sachaufgaben stellen für viele Kinder den schwierigsten Teil des Mathematikunterrichts dar. Die Tatsache, dass aus der Menge von Sach- und Zahleninformationen nur die tatsächlich wichtigen Recheninformationen herausgefiltert werden müssen, ist für viele Schüler problematisch. Die folgenden Aufgaben bieten den Kindern die Möglichkeit, individuelle Lösungswege zu finden.

Die Schüler lernen häufig bei der „Standardsachaufgabe" das Raster „Frage – Rechnung – Antwort" kennen und versuchen, Textaufgaben danach zu bearbeiten. Die von uns ausgewählten Aufgaben sollen den Kindern jedoch ermöglichen, zusätzliche Kompetenzen zu erwerben, wie z.B. Teamwork, kreativen Problemumgang, Durchhaltevermögen, Argumentation gegenüber einem Partner oder vor einer Gruppe und die Einsicht, dass auch verschiedene Wege zum gleichen Ziel führen können. Zudem erlernen die Kinder, sich selbstständig Lösungsstrategien anzueignen und strukturiertes Arbeiten zu üben. Die Aufgaben können in beliebigen Sozialformen gelöst werden, wir empfehlen die Partnerarbeit. Natürlich können alle Aufgaben inhaltlich abgewandelt werden. Es geht lediglich um die Vorstellung von Aufgabentypen.

Material

- ein Blatt Papier
- Muggelsteine, Holzklötze oder Knetmasse als Veranschaulichungsmaterial
- *KV Sachaufgaben*
- *KV Das Buchproblem (1)*
- *KV Das Buchproblem (2)*
- *KV Antons Einkauf*
- *KV Versteckte Rechengeschichten (1)*
- *KV Versteckte Rechengeschichten (2)*
- *KV Versteckte Rechengeschichten – Rechenfragen*

Zeitlicher Rahmen

je eine Unterrichtsstunde

Vorausgehende Lernschritte

Je nach Aufgabe werden unterschiedliche Anforderungen an die Kinder gestellt, z.B. Anwendung der Grundrechenarten oder kombinatorischer Kenntnisse.

Das Problem mit dem Teilen
Jonas und sein Opa bekommen Schokoküsse geschenkt. In der Packung sind noch sieben Stück. Wie können die beiden die Schokoküsse unter sich aufteilen?

In der Aufgabe wurde bewusst auf „gerecht aufteilen" verzichtet. Diese Sachsituation kann in der ersten Klasse aufgegriffen werden, wenn die Kinder erste Erfahrungen im Zahlenraum bis 10 gesammelt haben.

Das Eisproblem
Nils hat Geld für zwei Kugeln Eis. In der Eisdiele gibt es drei Sorten: Vanille, Schokolade und Erdbeere. Wie könnte Nils' Eiswaffel aussehen, wenn er das ganze Geld ausgibt? Wie viele Möglichkeiten findest du?

Diese Aufgabe bietet sich in der ersten oder in der zweiten Klasse an. Es ist keine große Rechenleistung notwendig, da ein kombinatorisches Problem zu lösen ist. Interessant ist dabei in der Abschlussbesprechung, ob die Kinder eine Struktur entdeckt haben, mit der sie alle Ergebnisse finden, und wenn ja, welche.

Das Problem mit den Tierbeinen
Im Stall sind Kühe und Hühner. Marie zählt 24 Beine. Wie viele Kühe und wie viele Hühner befinden sich im Stall?

Die Aufgabe ist in beiden Jahrgangsstufen einsetzbar. Das Einmaleins muss nicht unbedingt beherrscht werden, die Lösung dauert dann eben etwas länger.

Das Reifenproblem
Im Autogeschäft stehen fünf Autos und sechs Motorräder, bei denen die Reifen gewechselt werden müssen. Wie viele neue Reifen werden benötigt?

Diese Aufgabe kann am Ende der ersten Klasse gerechnet werden, wenn der Zahlenraum bis 20 gefestigt ist, die Kinder aber noch keine Einmaleinsreihen beherrschen und somit andere Lösungsstrategien suchen müssen.
Natürlich müssen Grundschüler in der Realität noch keine Reifen wechseln. Trotzdem hat diese Sachsituation unserer Ansicht nach ihre Berechtigung im Unterricht. Sie spricht vor allem Jungen an und motiviert diese zum produktiven Umgang mit der Aufgabe.

Das Schokokugelproblem
Lisa bekommt eine große Schachtel Schokokugeln geschenkt. In der Schachtel sind sechs Reihen. In jeder Reihe liegen zehn Schokokugeln. Heimlich öffnet Lisas Bruder Jan die Schachtel und nascht rundherum die ganze äußerste Reihe weg. Wie viele Schokokugeln bleiben Lisa noch?

Die Aufgabe eignet sich für die zweite Klasse, da der Zahlenraum bis 60 benötigt wird. Das Einmaleins ist nicht Voraussetzung.

Das Problem beim Ausflug
Die Klassen 2a und 2b machen einen Wanderausflug. Sie fahren mit dem Dreier-Sessellift auf den Berg. In der 2a sind 26 Kinder, in der 2b sind 27 Kinder. Jede Klasse hat zwei Begleitpersonen dabei. Wie viele Dreier-Sessel werden benötigt, um alle Personen auf den Berg zu transportieren?

Die Durchführung der Aufgabe empfiehlt sich im zweiten Halbjahr der zweiten Klasse.

Das Buchproblem (1)
Anke hat sich ein Buch ausgeliehen. Es hat 18 Seiten. Sie darf das Buch drei Tage lang behalten, dann muss sie es in der Bücherei abgeben. Wie viele Seiten liest Anke jeden Tag? Finde passende Rechnungen.

Das Buchproblem (2)
Anke hat sich ein Buch ausgeliehen. Es hat 98 Seiten. Sie darf das Buch drei Tage lang behalten, dann muss sie es in der Bücherei abgeben. Wie viele Seiten liest Anke pro Tag? Finde passende Rechnungen.

Diese Aufgabe wird in zweierlei Varianten angeboten: Einmal im kleinen Zahlenraum für die erste Klasse, einmal im Zahlenraum bis 100 für die zweite Klasse:

In der Auswertungsrunde bietet es sich an, auf eine der Aufgaben des Arbeitsblattes näher einzugehen. Passende Fragen sind z.B.:

- Wie bist du vorgegangen?
- Hast du einen Trick entdeckt?
- Wie viele Möglichkeiten gibt es?

Antons Einkauf
Anton ist sieben Jahre alt. Seine Schwester Mia ist acht und besucht die 3. Klasse. Anton geht in den Supermarkt im Amselweg 9 zum Einkaufen. Er kauft 4 Müsliriegel, 2 Tüten Apfelsaft und 3 Zeitschriften. 4 Müsliriegel kosten 2 €. Eine Tüte Apfelsaft kostet 1 €. Eine Tüte Orangensaft kostet 2 €. Jede Zeitschrift kostet 3 €. Für den Heimweg braucht Anton 8 Minuten. Anton hat 12 € dabei. Reicht das Geld?

Für die meisten Kinder stellen Sachaufgaben eine unübersichtliche Flut von Informationen wie z.B. Buchstaben, Wörtern und Zahlen dar. Durch das Unterscheiden wichtiger und unwichtiger Informationen wird der Blick für das Wesentliche geschult. Die Aufgabe wird strukturiert und das Finden einer Lösung fällt leichter.

Im Beispiel *Antons Einkauf* können die Kinder die einzelnen Streifen ausschneiden, Unwichtiges aus der Aufgabe entfernen und die zur Lösung benötigten Informationen so zusammenlegen und aufkleben, dass das Lösen logischer wird.
Das Erstellen solcher Aufgaben macht den Kindern Spaß und fördert das eigene Formulieren von Rechengeschichten. Schwächere Kinder verfassen einfach strukturierte Sachaufgaben. Stärkere Schüler können durch das Einbringen wichtiger und unwichtiger Recheninformationen auf einer höheren Schwierigkeitsebene arbeiten.
Die Durchführung dieser Aufgabe bietet sich in der zweiten Klasse an. In veränderter Form, mit größeren Zahlen oder mit noch mehr Informationsgehalt ist sie auch am Ende der zweiten Klasse und in der dritten Klasse einsetzbar.

Versteckte Rechengeschichten (1) und (2)
Im Text sind viele Rechengeschichten versteckt. Schreibe Rechenfragen auf und löse sie.

Die Durchführung empfiehlt sich gegen Ende der zweiten Klasse, wenn die Kinder in der Lage sind, einen längeren Lesetext zu verstehen und die Informationen, die zum Rechnen dienen, entnehmen können. Alle Grundrechenarten werden benötigt.
Auch zu Ostern kann die Aufgabe schon bearbeitet werden. In diesem Fall empfiehlt es sich, dass der Lehrer die Geschichte einmal vorträgt. Außerdem erhalten die Kinder den Hilfsimpuls, dass in jedem Absatz mindestens eine Rechengeschichte versteckt ist. Noch mehr Unterstützung bedeutet es für die Schüler, wenn sie die Rechenfragen an die Hand bekommen *(KV Versteckte Rechengeschichten – Rechenfragen)* und diese den entsprechenden Abschnitten des Textes zuordnen.
Die Geschichte ermöglicht eine innere Differenzierung, da die Schüler einfache und schwierige Aufgaben entdecken können, z.B.

Einfach: *Wie viel Geld hat Max dabei?*
Anspruchsvoll: *Was kostet eine Semmel?*

Als Querverbindung zum Fach Deutsch können die Kinder auch eigene Geschichten schreiben und darin Rechenaufgaben verstecken.

Individuelle Lösungen

Das Problem mit dem Teilen

Hier gibt es keine eindeutige Lösung, da bewusst auf eine „gerechte“ Verteilung verzichtet wurde. Viele Kinder haben aber ein großes „Gerechtigkeitsempfinden“. Wichtig ist, dass sie eine Lösung zu Papier bringen, die ihre Gedankengänge nachvollziehbar macht und ihnen bei der abschließenden Präsentation hilft. Die Antworten der Kinder können vielfältig sein: Erfahrungsgemäß wählen die meisten eine zeichnerische Darstellungsweise.

Mögliche Schülerlösungen:

- Jonas bekommt alle, weil sein Opa sie ihm schenkt.
- Opa bekommt alle, weil Jonas keine Schokoküsse mag.
- Jonas bekommt drei und Opa sechs, weil Jonas viel kleiner ist.
- Opa bekommt vier und Jonas fünf, weil Jonas die Schokoküsse lieber mag.
- Jeder bekommt vier und einen schenken sie der Oma.
- Jeder bekommt vier und den übrigen Schokokuss teilen sie in der Mitte.

Jede Lösung ist eine richtige Lösung, insofern sie von den Kindern schlüssig begründet wurde.

Erweiterung:
Wie viele Schokoküsse brauchen sie, damit Jonas und Opa gleich viele bekommen?
Lösung:
Zwei, vier, sechs, acht, ... es muss eine gerade Zahl sein.

Das Eisproblem
Mögliche Kombinationen:

Schoko – Schoko	Vanille – Vanille	Erdbeere – Erdbeere
Schoko – Vanille	Vanille – Erdbeere	Erdbeere – Vanille
Schoko – Erdbeere	Vanille – Schoko	Erdbeere – Schoko

Es sind neun Lösungen, wenn man berücksichtigt, dass auch zwei gleiche Kugeln gekauft werden können und die Reihenfolge der Kugeln auf der Waffel eine Rolle spielt.
Dies wird jedoch meist von den Kindern in der Besprechung geklärt.

Mögliche Schülerlösungen:

- Erarbeitung einer Tabelle (wie oben, Sorten durch Buchstaben abgekürzt S-V-E)
- Malen der Eiswaffeln mit Kugeln
- Zeichnen farbiger Striche für die Sorten (Vanille: gelb, Schoko: braun, Erdbeere: rot)
- Erstellen eines Baumdiagramms

Erweiterung:
Wie viele Möglichkeiten gibt es, wenn es vier Sorten gibt, Vanille, Schokolade, Erdbeere und Pistazie?

Das Problem mit den Tierbeinen
Es gibt verschiedene Lösungen:

Anzahl Kühe	Anzahl Kuhbeine	Anzahl Hühner	Anzahl Hühnerbeine	gesamt
0	0	12	24	24
1	4	10	20	24
2	8	8	16	24
3	12	6	12	24
4	16	4	8	24
5	20	2	4	24
6	24	0	0	24

Der Anspruch ist, möglichst viele Lösungen zu finden. Manche Kinder haben vielleicht schon eine Struktur entdeckt. Als Hilfe für den Rest der Klasse bietet es sich an, die Ergebnisse in einer Tabelle an der Tafel zu sortieren und die Entdeckungen zu verbalisieren. Dann wird allen deutlich, dass zwei Hühner genauso viele Beine haben wie eine Kuh. Wenn die Anzahl der Kühe zunimmt, nimmt die Anzahl der Hühner um das Doppelte ab. (Für einige Kinder ist bis zum Zeitpunkt der Aufgabe vielleicht nicht klar, wie viele Beine welches Tier hat.)

Mögliche Lösungswege:

- Aufzeichnen der Tiere
- Bauen der Tiere aus Knetmasse und Zahnstochern
- Aufzeichnen der Beine
- „forschendes“ Rechnen, d.h. durch Ausprobieren

Erweiterung:

- Wie viele Fliegen könnten auch noch im Stall sein, wenn Marie insgesamt 24 Beine zählt?
- Wie viele Fliegen und Enten sind im Stall, wenn Marie 36 Beine zählt?

Das Reifenproblem

Anzahl der Autoreifen:
fünf Autos à vier Reifen sind 20 Reifen
Anzahl der Motorradreifen:
sechs Motorräder à 2 Reifen sind 12 Reifen
Gesamtanzahl:
20 Reifen + 12 Reifen = 32 Reifen

Mögliche Lösungswege:
Da die Kinder zum Zeitpunkt der Aufgabenstellung noch keine Einmaleins-Reihen kennen, entstehen vielfältige Ansätze.

- $4 + 4 + 4 + 4 + 4 = 20$; $2 + 2 + 2 + 2 + 2 + 2 = 12$; $20 + 12 = 32$
- Aufzeichnen der Autos und Motorräder, Abzählen der Reifen
- Aufmalen der Reifen
- ein Auto und ein Motorrad haben zusammen sechs Reifen, $6 + 6 + 6 + 6 + 6 = 30$, es bleibt noch ein Motorrad übrig, also $30 + 2 = 32$ Reifen
- Reifen mit Muggelsteinen legen
- Striche für die Reifen aufmalen, manche Kinder bündeln sie für das leichtere Abzählen

Erweiterung:

- Wie viele Reifen werden benötigt, wenn es sieben Autos und drei Motorräder sind?
- In Katjas Familie gibt es drei Autos, zwei Motorräder, vier Fahrräder, einen Roller und ein Dreirad. Wie viele Räder sind es? (bietet sich als Hausaufgabe an)

Das Schokokugelproblem

Jan isst die oberste und die unterste Reihe, also 20 Schokokugeln (10 + 10 = 20), am Rand jeweils 4 Schokokugeln, also 8 Stück.
20 + 8 = 28, Jan isst 28 Schokokugeln.
Für Lisa bleiben die in der Mitte, also vier Reihen à 8 Schokokugeln. Das sind 32 Stück

Mögliche Lösungswege:

- Vorgehen wie oben beschrieben
- Aufmalen der Schachtel mit einem Raster, Ankreuzen der Schokokugeln auf der Umrandung; Lisas Schokokugeln bleiben in der Mitte übrig.
- Aufzeichnen von Strichen und anschließendes Rechnen bzw. Abzählen

Erweiterung:

- Wie viele Schokokugeln hat Jan gegessen?
- Wie viele Schokokugeln waren am Anfang in der Schachtel?
- Wer von den beiden hatte mehr als die Hälfte?
- Wäre das Ergebnis anders, wenn die Schachtel nur sechs Reihen hätte und in jeder Reihe zehn Schokokugel lägen?
- Wie viele Schokokugeln bleiben Lisa, wenn die Schachtel sieben Reihen hat?

Das Problem beim Ausflug

26 + 27 = 43; 43 + 4 = 47;
47 : 3 = 15 R 2
Es werden also 16 Dreier-Sessel benötigt.

Mögliche Schülerlösungen:

- Vielleicht bringen einige Kinder die Klassen getrennt unter und benötigten deshalb mehr Sessel.
- Manche lassen den Rest außer Acht und nennen nur die 15 Sessel.
- Einige zeichnen sich die Sessel und den Lift auf und zählen dann ab.
- Manche Kinder schreiben die Zahl 3 immer wieder auf und bilden „Zwischensummen“ bis die Teilnehmerzahl erreicht ist.

Erweiterung:
Am Sessellift-Seil hängen immer abwechselnd ein Zweier- und ein Dreier-Sessel. Wie viele Sessel werden benötigt?

TIPP: Es macht bei dieser Aufgabe noch einen Unterschied, ob mit einem Zweier- oder einem Dreier-Sessel begonnen wird.

Name: Datum:

Sachaufgaben

Das Problem mit dem Teilen

Jonas und sein Opa bekommen Schokoküsse geschenkt. In der Packung sind noch sieben Stück. Wie können die beiden die Schokoküsse unter sich aufteilen?

Das Eisproblem

Nils hat Geld für zwei Kugeln Eis. In der Eisdiele gibt es drei Sorten: Vanille, Schokolade und Erdbeere. Wie könnte Nils' Eiswaffel aussehen, wenn er das ganze Geld ausgibt? Wie viele Möglichkeiten findest du?

Das Problem mit den Tierbeinen

Im Stall sind Kühe und Hühner. Marie zählt 24 Beine. Wie viele Kühe und wie viele Hühner befinden sich im Stall?

Das Reifenproblem

Im Autogeschäft stehen fünf Autos und sechs Motorräder, bei denen die Reifen gewechselt werden müssen. Wie viele neue Reifen werden benötigt?

Das Schokokugelproblem

Lisa bekommt eine große Schachtel Schokokugeln geschenkt. In der Schachtel sind sechs Reihen. In jeder Reihe liegen zehn Schokokugeln. Heimlich öffnet Lisas Bruder Jan die Schachtel und nascht rundherum die ganze äußerste Reihe weg. Wie viele Schokokugeln bleiben Lisa noch?

Das Problem beim Ausflug

Die Klassen 2a und 2b machen einen Wanderausflug. Sie fahren mit dem Dreier-Sessellift auf den Berg. In der 2a sind 26 Kinder, in der 2b sind 27 Kinder. Jede Klasse hat zwei Begleitpersonen dabei. Wie viele Dreier-Sessel werden benötigt, um alle Personen auf den Berg zu transportieren?

Name: Datum:

Das Buchproblem (1)

Anke hat sich ein Buch ausgeliehen. Es hat 18 Seiten.
Sie darf das Buch drei Tage lang behalten, dann muss sie es in der Bücherei abgeben.
Wie viele Seiten liest Anke jeden Tag? Finde passende Rechnungen.

☐ + ☐ + ☐ = 18   ☐ + ☐ + ☐ = 18

☐ + ☐ + ☐ = 18   ☐ + ☐ + ☐ = 18

☐ + ☐ + ☐ = 18   ☐ + ☐ + ☐ = 18

Welche Aufgabe gefällt dir besonders gut? Warum gefällt sie dir?

____

____

Anke liest am ersten Tag fünf Seiten.
Wie viele Seiten liest sie am zweiten und am dritten Tag?

5 + ☐ + ☐ = 18   5 + ☐ + ☐ = 18

5 + ☐ + ☐ = 18   5 + ☐ + ☐ = 18

5 + ☐ + ☐ = 18   5 + ☐ + ☐ = 18

Am ersten Tag liest Anke am wenigsten Seiten, am dritten Tag liest sie am meisten Seiten. Finde passende Rechnungen.

☐ + ☐ + ☐ = 18   ☐ + ☐ + ☐ = 18   ☐ + ☐ + ☐ = 18

Name: ______________________ Datum: ______________________

Das Buchproblem (2)

Anke hat sich ein Buch ausgeliehen. Es hat 98 Seiten.
Sie darf das Buch drei Tage lang behalten, dann muss sie es in der Bücherei abgeben.
Wie viele Seiten liest Anke jeden Tag? Finde passende Rechnungen.

☐ + ☐ + ☐ = 98 ☐ + ☐ + ☐ = 98

☐ + ☐ + ☐ = 98 ☐ + ☐ + ☐ = 98

☐ + ☐ + ☐ = 98 ☐ + ☐ + ☐ = 98

☐ + ☐ + ☐ = 98 ☐ + ☐ + ☐ = 98

☐ + ☐ + ☐ = 98 ☐ + ☐ + ☐ = 98

Welche Aufgabe findest du besonders interessant? Begründe.

____

____

Anke liest am ersten Tag fünf Seiten.
Wie viele Seiten liest sie am zweiten und am dritten Tag?

5 + ☐ + ☐ = 98 ☐ + ☐ + ☐ = 98

☐ + ☐ + ☐ = 98 ☐ + ☐ + ☐ = 98

☐ + ☐ + ☐ = 98 ☐ + ☐ + ☐ = 98

Antons Einkauf

Lies die Textzeilen und schneide sie anschließend aus.
Ordne die Sätze und lege unwichtige Sätze weg.
Klebe die wichtigen Sätze auf ein Blatt.

4 Müsliriegel kosten 2 €.

Anton geht in den Supermarkt im Amselweg 9 zum Einkaufen.

Für den Heimweg braucht Anton 8 Minuten.

Jede Zeitschrift kostet 3 €.

Er kauft 4 Müsliriegel, 2 Tüten Apfelsaft und 3 Zeitschriften.

Reicht das Geld?

Seine Schwester Mia ist acht und besucht die 3. Klasse.

Eine Tüte Apfelsaft kostet 1 €.

Anton hat 12 € dabei.

Eine Tüte Orangensaft kostet 2 €.

Anton ist sieben Jahre alt.

Name: Datum:

Versteckte Rechengeschichten (1)

a

Der Hase Max war drei Jahre alt, als er seinen besten Freund, das Kaninchen Willibald, kennenlernte. Die beiden sind nun schon seit zehn Jahren ganz dick miteinander befreundet und haben viele Abenteuer gemeinsam erlebt.

b

An einem sonnigen Nachmittag hoppelten die Freunde gemeinsam in die Stadt zum Einkaufen. Der Weg war sehr weit, denn sie brauchten allein für den Hinweg 40 Minuten.

c

Als sie endlich angekommen waren, mussten sie erst einmal ihr Geld zählen. Max hatte einen Zehn-Euroschein und zwei Zwei-Eurostücke dabei. Willibald hatte drei Fünf-Euroscheine und zwei Ein-Eurostücke im Geldbeutel. Das sollte für den Einkauf reichen.

d

Rasch hoppelten die beiden zum Bäcker. Sie sollten schließlich für die ganze Hasenfamilie – das waren Oma und Opa Hase, das Hasenbaby Minnie, Mama und Papa Hase und Onkel Fridolin – einkaufen.

e

Jeder aus der Hasenfamilie isst zum Frühstück zwei Semmeln, der Bäcker packte also eine große Tüte voll Semmeln für die Hasenfamilie. Max musste sieben Euro bezahlen.

Name: Datum:

Versteckte Rechengeschichten (2)

f

Dann ging es weiter zum Obst- und Gemüsehändler. Dort besorgten die Freunde Karotten. Sie brauchten zwei Bund Karotten. Beim Zählen stellten sie fest, dass in jedem Bund sieben Karotten waren. Ob die wohl für die ganze Familie reichen würden? Der Gemüsehändler packte sie rasch ein.

g

Max und Willibald zogen weiter zur Henne Berta. Dort brauchten sie Eier. Die Eier waren in Schachteln verpackt. Immer zehn Eier lagen ordentlich sortiert zusammen. Willibald rief: „Wir brauchen vier Schachteln mit Eiern! Dafür hast du bestimmt ganz schön lange gearbeitet.“ Berta antwortete: „Das hätte ich alleine gar nicht geschafft. Aber zum Glück legt jede von meinen 20 Arbeitshennen jeden Tag zwei Eier.“ „Ihr seid aber fleißig!“, staunte Max. Rasch stapelte die Henne Berta die Eier in den Leiterwagen der Hasenfreunde.

h

Puh, endlich waren alle Einkäufe besorgt und die beiden Freunde konnten sich auf den Heimweg machen. In der Eisdiele holten sie sich noch schnell ein Eis. Jeder der beiden suchte sich vier leckere Kugeln aus. Jede Kugel Eis kostete einen Euro. Begeistert schleckten sie an ihrem Eis, denn das hatten sie sich nun wirklich verdient.

i

Vergnügt hoppelten Max und Willibald mit ihrem vollen Wagen wieder nach Hause zurück. Alle freuten sich, dass es wieder frische Karotten gab und so kochte die Hasenmama ein leckeres Abendessen für die ganze Familie.

Im Text sind viele Rechengeschichten versteckt.
Schreibe zu allen Abschnitten a – i Rechenfragen in dein Heft und löse sie.

Name: Datum:

Versteckte Rechengeschichten – Rechenfragen

Schneide die Rechenfragen aus und ordne sie den Rechengeschichten richtig zu. Bei den Lupenaufgaben gibt es mehr zu knobeln.

Wie alt ist der Hase Max jetzt?

Wie viel Geld hat Willibald dabei?

Wie lange brauchen die beiden Hasen für den Hin- und Rückweg?

Wie viel Geld hat Max dabei?

Wie viele Eier legen Bertas Arbeitshennen an einem Tag?

Aus wie vielen Personen besteht die Hasenfamilie?

Wie viele Kugeln Eis essen Willibald und Max zusammen?

Wie viel Geld haben die beiden Freunde gemeinsam dabei? 

Wie viele Semmeln kaufen die beiden Freunde beim Bäcker? 

Wie viele Karotten kaufen sie ein?

Wie viele Eier lädt die Henne Berta in den Leiterwagen?

Wie viele Karotten bekommt jeder Hase aus der Familie? 

Was kostet eine Semmel? 

Was bezahlt Max beim Bäcker?

Sachaufgaben

Größen: Messen und Rechnen im Klassenzimmer

Material

- Lineale, Haushaltsmaßbänder, Meterstäbe, Maßbänder aus Papier, Wolle
- *KV Messen und Rechnen im Klassenzimmer*

Zeitlicher Rahmen

zwei bis drei Unterrichtsstunden

Vorausgehende Lernschritte

Kenntnis der Maßeinheiten cm und m

Durchführung (Teil 1)

In der Lernumgebung „Maße im Klassenzimmer“ sollen sich die Kinder eigene Vorgaben zum Rechnen erarbeiten.
Gemeinsam werden die Begriffe Länge, Breite und Höhe besprochen und an einem Gegenstand abgemessen, den alle Kinder haben (z.B. Lesebuch). So werden Missverständnisse vermieden und die Begriffsdefinitionen sind klar festgelegt.
Die Kinder bekommen jeweils zu zweit ein Arbeitsblatt mit einer Tabelle, die in „Gegenstand“, „Länge“, „Breite“ und „Höhe“ eingeteilt ist *(KV Messen und Rechnen im Klassenzimmer)*.
In Partnerarbeit messen die Kinder nun verschiedene Gegenstände aus dem Klassenzimmer, die sie selbst aussuchen dürfen. Die Gegenstände sowie die verschiedenen Messwerte werden in die Tabelle eingetragen.
Nach einer Messphase tauschen verschiedene Paare ihre Messtabellen aus und überprüfen stichprobenartig die angegebenen Werte der anderen Partnergruppe.
Im abschließenden Gespräch äußern sich die Kinder über die abgemessenen Gegenstände. Impulse des Lehrers wären z.B.:

- Hast du einen besonders langen/kurzen Gegenstand abgemessen?
- Gibt es einen Gegenstand im Klassenzimmer, der kürzer als 4 cm ist?
- Ist ein Gegenstand länger als 3 m?
- Sind Gegenstände gleich lang?
- Gibt es einen besonders dünnen Gegenstand?

Durchführung (Teil 2)

Für den zweiten Teil am folgenden Tag erstellt der Lehrer eine Tabelle, die alle Schüler bekommen. Dazu wählt er eine bestimmte Anzahl von Gegenständen aus und gibt deren Länge, Breite und Höhe an. Eventuell kann auch mit den Tabellen der Kinder weitergearbeitet werden.

Für die Einstiegsphase gibt der Lehrer einige Aufgaben vor, z.B.:

- Wie lang sind drei Bleistifte hintereinander?
- Was ist länger? Ein Schülertisch und das Pult hintereinander gestellt oder elf Füller in einer Reihe?
- Um wie viel ist dein Füller länger als dein Radiergummi?

In der weiteren Arbeitsphase überlegen sich die Kinder selbst Aufgaben. Schwächere Schüler können sich dabei an der Struktur der einführenden Beispiele orientieren.

Die von den Schülern gefundenen Rechenfragen werden auf linierte Karteikärtchen geschrieben, auf die Rückseite kommt die Musterlösung. Anschließend wird die Karte von einem anderen Kind auf Fehler überprüft.

Eine beliebige Erweiterung der Kartei ist möglich. Diese kann in Freiarbeitsphasen oder weiteren Mathematikstunden eingesetzt werden.

Impulse zur Weiterarbeit

Im Sachaufgabenbereich gibt es zahlreiche Möglichkeiten für Lernumgebungen:

Die Lernumgebung „Einkaufen im Supermarkt“ kann beispielsweise mit Prospektmaterial umgesetzt werden. In Partnerarbeit werden aus den Kommazahlen ganze Zahlen gemacht (Vorstufe des Rundens) und in einer Tabelle zur weiteren Verwendung aufgeschrieben. Von der einfachen Aufgabe „Was kosten drei Packungen Schokoküsse?“ über „Ich brauche sechs Flaschen Apfelsaft und habe fünf Euro dabei. Reicht mein Geld?“ bis hin zu „Ich feiere mit zehn Gästen Geburtstag. Wie viel Geld brauche ich für meinen Einkauf?“ sind der Kreativität keine Grenzen gesetzt.

Name: Datum:

Messen und Rechnen im Klassenzimmer

Gegenstand	Länge	Breite	Höhe

Handelnder Umgang mit Flächen

Quadrat-Vierlinge

Material

- vier Quadrate für jeden Schüler (am besten aus stabilem Karton, möglich wären aber auch kleine Holzwürfel, 2 cm mal 2 cm mal 2 cm)
  (3 rote, 3 blaue, 5 gelbe)
- *KV Karopapier (1)*
- *KV Karopapier (2)*

Zeitlicher Rahmen

eine Unterrichtsstunde

Vorausgehende Lernschritte

Die Schüler sollten bereits erste Erfahrungen mit Flächenformen gesammelt haben. Außerdem ist es empfehlenswert, schon vor dieser Unterrichtsstunde Übungen zum (freihändigen) Zeichnen geometrischer Figuren durchzuführen.

Durchführung

1. Vorübung
Quadrat-Vierlinge (bzw. -Fünflinge) sind Figuren aus vier (bzw. fünf) gleich großen Quadraten. Benachbarte Quadrate stoßen mit einer Seite aneinander.

Da es nur wenige Vierlinge gibt, ist es sinnvoll, im Einstieg mit Fünflingen zu arbeiten. So kann die Bauregel besprochen werden, ohne Ergebnisse der späteren Arbeitsphase vorwegzunehmen.

2. Initiation/Präsentation
Zur Klärung der Aufgabenstellung werden im Sitzkreis aus fünf Quadraten einige Quadrat-Fünflinge gelegt und freihändig auf Karopapier aufgezeichnet.

2.1. Schüleraktivität 1
Nun sucht jeder Schüler verschiedene Quadrat-Vierlinge (auch bezeichnet als Tetrominos). Als Arbeitsmittel benötigen dazu alle Kinder vier Quadrate und Karopapier *(KV Karopapier 1)*.

Schüler, die keine neuen Vierlinge mehr finden, vergleichen und diskutieren ihre Ergebnisse mit einem Klassenkameraden.

2.2. Reflexion 1
Jedes Kind überträgt einen seiner Quadrat-Vierlinge auf großes Karopapier *(KV Karopapier 2)* und schneidet diesen aus. Die Tetrominos werden an der Tafel gesammelt. Nachdem die Schüler überprüft haben, ob lauter korrekte Figuren an der Tafel hängen, überlegen sie, welche Vierlinge gleich sind. Es wird herausgearbeitet, dass zwei Tetrominos als gleich gelten, wenn sie nach einer Dreh- und/oder Kippbewegung (Spiegelung) genau aufeinanderpassen. An der Tafel werden die gleichen Figuren übereinandergehängt.

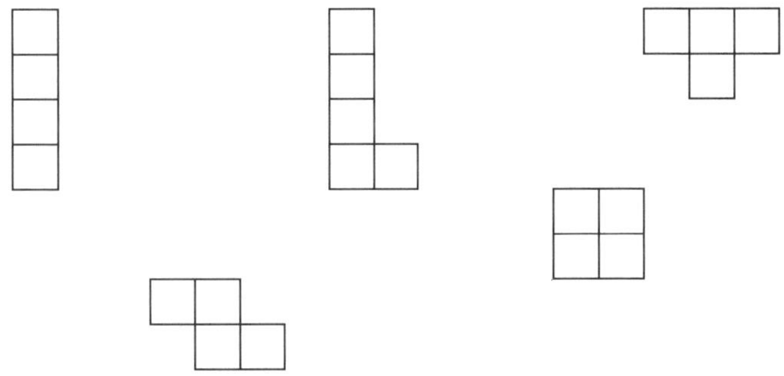

2.3. Schüleraktivität 2
Danach gehen die Schüler zurück an ihren Platz und markieren gleiche Quadrat-Vierlinge in einer Farbe. Falls sich die Kinder bzgl. der Gleichheit unsicher sind, können die Vierlinge ausgeschnitten und aufeinandergelegt werden.

Praxis-Tipps

Die Schüler könnten den Vierlingen Namen geben. Als Bezeichnungen und Merkhilfe bieten sich zum Beispiel die Buchstaben I, L, T, Z und O an.

Impulse zur Weiterarbeit

Die Kinder versuchen, aus vier gleichen Vierlingen in L-Form ein Quadrat zu legen. Auch mit vier Vierlingen in T-Form kann ein Quadrat zusammengesetzt werden.

Eine weitere Idee wäre, die unten dargestellte Figur mit drei verschiedenen Vierlingen auszulegen bzw. nachzulegen. Hier können viele verschiedene Lösungen gefunden werden.

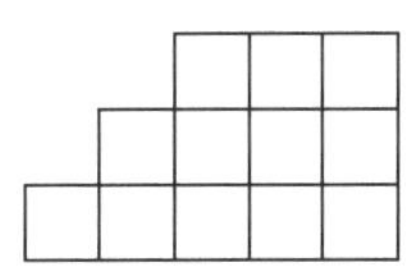

In starken Klassen oder in der zweiten Jahrgangsstufe können die Schüler alle möglichen Quadrat-Fünflinge suchen. (Es gibt 12 Stück.)

Name: Datum:

Karopapier (1)

Name:	Datum:

Karopapier (2)

Handelnder Umgang mit Flächen

Einführende Erfahrungen am Geobrett

Material

- Klassensatz Geobretter 3 x 3
- Haushaltsgummis
- *KV Geobrett (1)*
- *KV Geobrett (2)*
- Plakate A3
- Klebepunkte

Zeitlicher Rahmen

zwei bis drei Unterrichtsstunden

Vorausgehende Lernschritte

Kenntnis der Flächenformen (Vielecke), Zeichnen mit dem Lineal, evtl. rechter Winkel

Durchführung (Teil 1)

Zum „Aufwärmen", sowie um erste Erfahrungen mit dem Geobrett zu sammeln, bekommt jedes Kind ein Geobrett und drei unterschiedlich große Haushaltsgummis. In Einzelarbeit spannen die Kinder verschiedene Figuren. Ihre schönste Figur zeichnen sie mit Lineal und einem dunklen Stift auf das Arbeitsblatt *KV Geobrett (1)*. Auf die Rückseite schreiben sie den Namen, den sie sich für diese Figur überlegt haben.
Der Lehrer wählt nun einige der Figuren aus und befestigt sie an der Tafel. Die Schüler sollen vermuten, wie die Figur heißen könnte und spannen diese auf ihrem Geobrett nach. So werden genaues Hinsehen und präzises Arbeiten geschult.

Durchführung (Teil 2)

Nun sollen die bereits bekannten Flächenformen wiederholt und vertieft werden.
In Partnerarbeit spannen die Kinder Flächenformen mit *einem* Haushaltsgummi und zeichnen ihre Ergebnisse mit Lineal auf das Arbeitsblatt *KV Geobrett (2)*. Im Anschluss daran werden die kleinen Geobretter ausgeschnitten.
Um die Ergebnisse etwas vielfältiger zu gestalten, bilden sich Gruppen mit vier bis fünf Kindern. In der Gruppe sollen die Schüler versuchen, eine Ordnung aus den Flächenformen herzustellen und die kleinen Papiergeobretter sichtbar geordnet auf ein Plakat aufzukleben.
Wichtig ist hierbei, dass der Lehrer keine Ordnungskriterien vorgibt.
Sicherlich werden die Kinder heiße Diskussionen führen, wie die Geobretter sortiert werden könnten. Auch das Aufkleben stellt für die Kinder eine Herausforderung dar und dauert relativ lange.
Die Gruppen schreiben auf einem kleinen Blatt auf, nach welchem Kriterium sie die Geobretter sortiert haben.

Mögliche Anordnungen der Schüler:

- Anzahl der Ecken
- Größe der Form
- spitzige und nicht spitzige Formen
- „gerade" und „schiefe" Formen (= regelmäßige und unregelmäßige Formen.)
- hat einen rechten Winkel/hat keinen rechten Winkel, usw.

Das gestaltete Plakat sowie den Zettel mit den Sortierkriterien geben die Gruppen bei der Lehrkraft ab.

Durchführung (Teil 3)

In der Folgestunde bekommt jede Gruppe ein „fremdes" Plakat ausgehändigt. Die Gruppenteilnehmer überlegen sich nun gemeinsam, nach welchem Kriterium das Plakat gestaltet wurde. Danach dürfen sie sich das Blatt der Gestaltergruppe holen und nachsehen, ob ihre Vermutung korrekt ist. Nun wird überprüft, ob das Kriterium konsequent eingehalten wurde. Fehler werden mit Klebepunkten markiert.
Im Anschluss daran stellt jede Gruppe das „Fremdplakat" im Sitzhalbkreis vor und berichtet über die Anordnung der Flächenformen sowie eventuelle Fehler und Schwierigkeiten.

Die Plakate können dann zusammen mit dem Ordnungskriterium für alle sichtbar aufgehängt werden.
Als Forscheraufträge für die darauffolgenden Tage wären möglich:

- Kannst du das Plakat noch durch eine passende Form ergänzen?
- Findest du noch Fehler? Markiere.

Die Umsetzung dieser Stunde erfordert ein hohes Maß an Zurückhaltung durch den Lehrer. Es werden nicht nur mathematische Inhalte bearbeitet, sondern auch soziale Kompetenzen geschult.

Name:	Datum:

Geobrett (1)

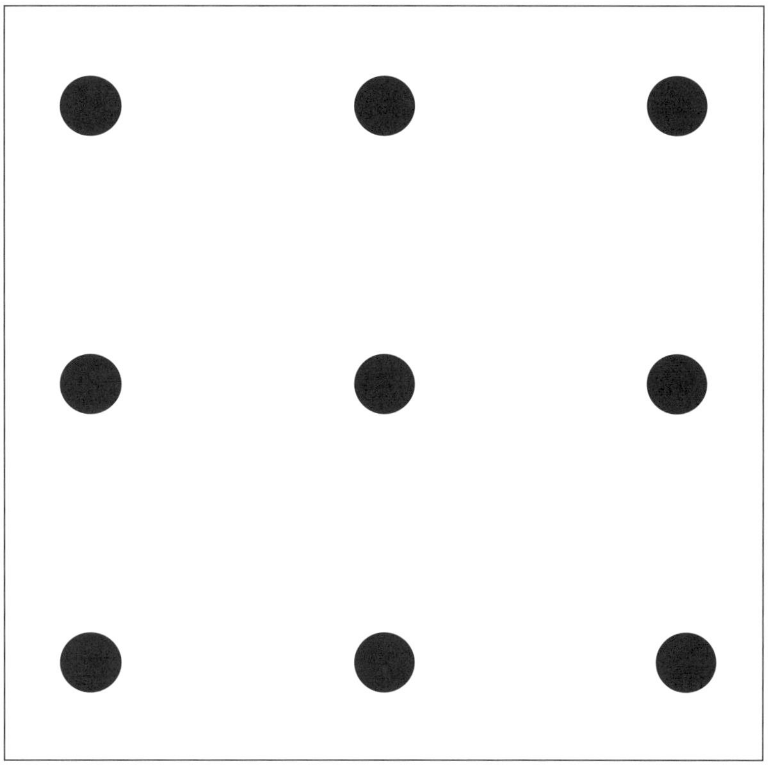

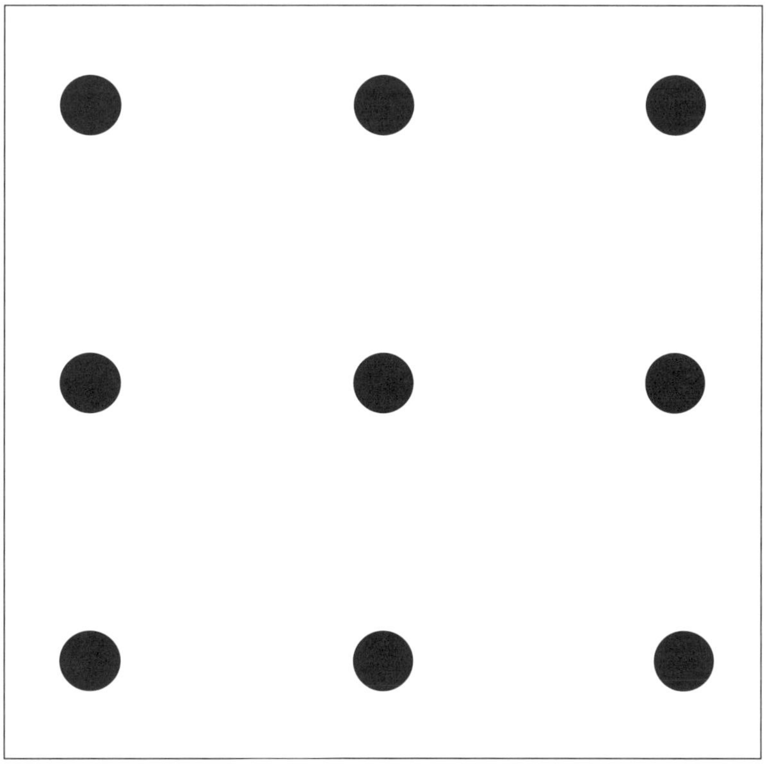

Name: Datum:

Geobrett (2)

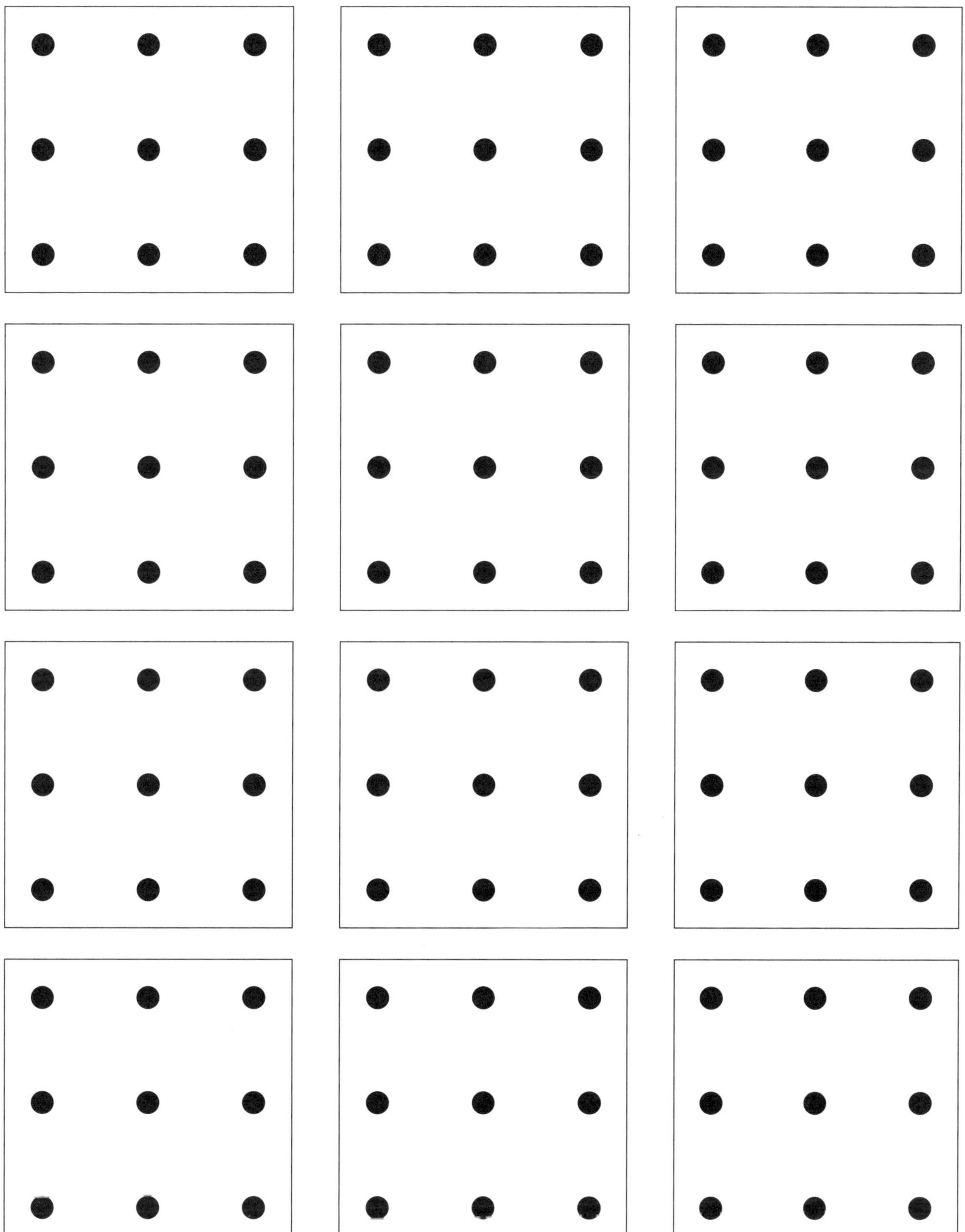

Handelnder Umgang mit Flächen

Dreiecke und Vierecke am Geobrett

Material

- Klassensatz Geobretter 3 x 3
- Haushaltsgummis
- *KV Geobrett (1)*
- *KV Geobrett (2)*
- Plakate A3

Zeitlicher Rahmen

zwei bis drei Unterrichtsstunden

Vorausgehende Lernschritte

- Kenntnis der Flächenformen
- Erfahrung im Umgang mit dem Geobrett
- präziser Umgang mit Lineal und Bleistift
- Kenntnis eines rechten Winkels

Durchführung (Teil 1)

Als Wiederholung zum Umgang mit dem Geobrett gibt der Lehrer in Rätselform vor, welche Figur die Kinder in Einzelarbeit spannen sollen, z.B.

- eine Figur mit vier Ecken
- eine Figur mit drei Ecken
- eine Figur mit fünf Ecken
- eine besonders kleine Figur
- die größte mögliche Figur

Dabei können die Namen für die geometrischen Flächen noch einmal aufgegriffen und der Unterschied zwischen Fläche und Strecke besprochen werden.
Im Anschluss daran erhalten die Kinder den zentralen Arbeitsauftrag in Partnerarbeit: Findet so viele verschiedene Dreiecke wie möglich. Spannt die Dreiecke auf dem Geobrett und zeichnet sie anschließend mit Lineal und Bleistift auf die kleinen Geobretter auf *(KV Geobrett 2)*.

In der Arbeitsphase kann eventuell die Frage auftreten, ob gespiegelte/gedrehte Dreiecke gleich oder verschieden sind. Da dieses Problem erst später bei der Besprechung gemeinsam erörtert werden soll, empfiehlt es sich, die Kinder in dieser Phase selbst entscheiden zu lassen.
Die Partner sollen – wenn sie keine weiteren Möglichkeiten mehr finden – ihre beiden Lieblingsdreiecke groß aufzeichnen *(KV Geobrett 1)*.

Reflexion/Auswertung
Zu Beginn des Auswertungsgesprächs im Sitzhalbkreis hängen die Partner ihre groß aufgezeichneten Dreiecke an die Tafel. Die zentralen Fragen sind nun:

- Sind alle Figuren Dreiecke?
  Falsche Figuren werden abgenommen.
- Sind gleiche Dreiecke an der Tafel?
  Gleiche Dreiecke werden aufeinandergeheftet.
- Können wir die Gleichheit der Figuren beweisen? (Falls keine Idee: Impuls Schere)

Die Schüler überprüfen nun, ob sie auf ihrem Blatt noch Dreiecke haben, die an der Tafel fehlen und ergänzen die fehlenden Figuren.
Im Anschluss daran vervollständigen alle Kinder ihr Arbeitsblatt mit den noch fehlenden Dreiecken, sodass alle Partnergruppen für die Weiterarbeit die gleichen Voraussetzungen haben.

Durchführung (Teil 2)

Als Wiederholung aus der vorherigen Stunde werden alle „Minigeobretter" der *KV Geobrett (2)* ausgeschnitten. Gleiche Dreiecke werden aufeinandergelegt. Danach werden die Figuren soweit aussortiert, dass nur noch verschiedene Dreiecke auf dem Tisch der Lernpartner liegen.
Der Arbeitsauftrag dieser Stunde lautet:
Ordnet die Dreiecke. Klebt sie sortiert auf ein Plakat und schreibt auf die Rückseite, wie ihr geordnet habt.

Reflexion/Auswertung
Die Plakate können entweder mit anderen Partnern ausgetauscht werden, oder gemeinsam an der Tafel auf ihre Ordnungskriterien untersucht werden.

Hier einige Möglichkeiten der Kinder:

- „gerade" und „schiefe" Dreiecke
- große und kleine Dreiecke
- Kantenlänge
- rechter Winkel/kein rechter Winkel
- Sortierung nach der Größe

Genauso kann die Stunde auch mit Vierecken durchgeführt werden. Durch die größere Anzahl an Möglichkeiten dauert die Einheit mit Vierecken etwas länger.

Dreiecke am Geobrett – Lösung

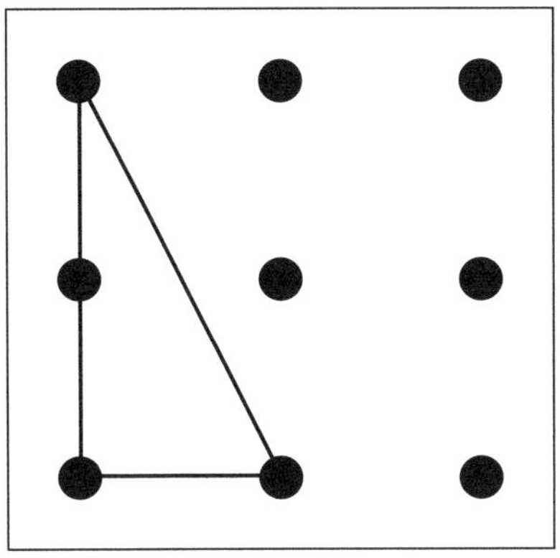

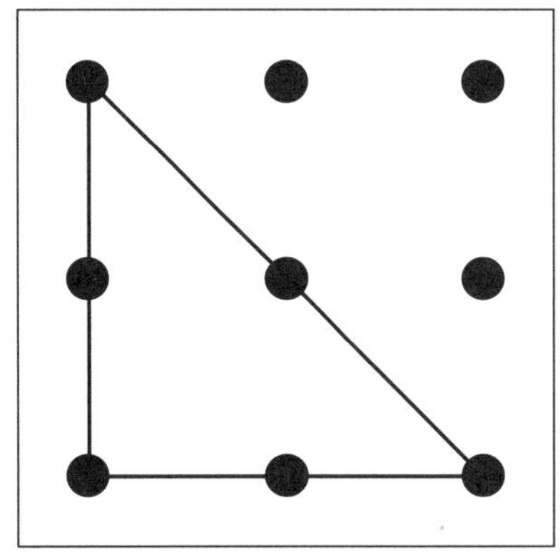

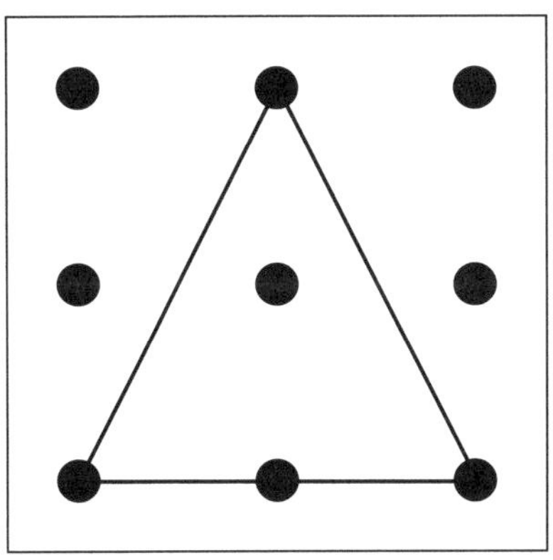

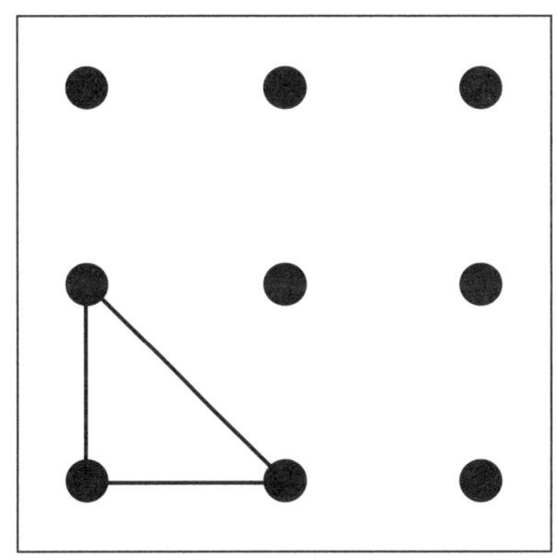

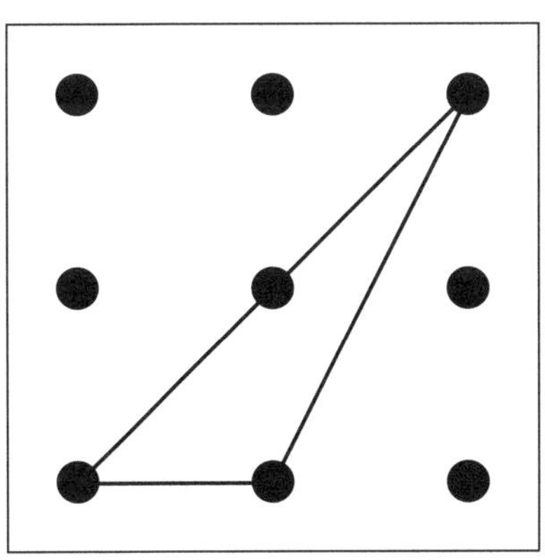

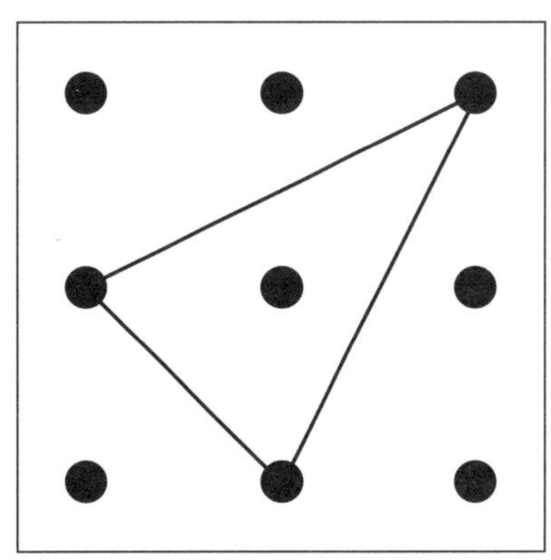

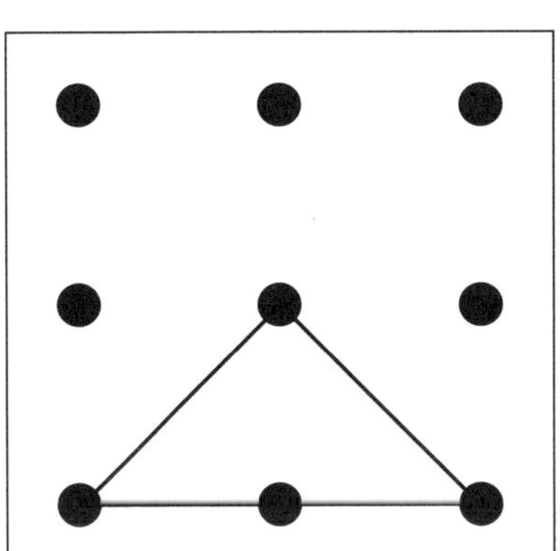

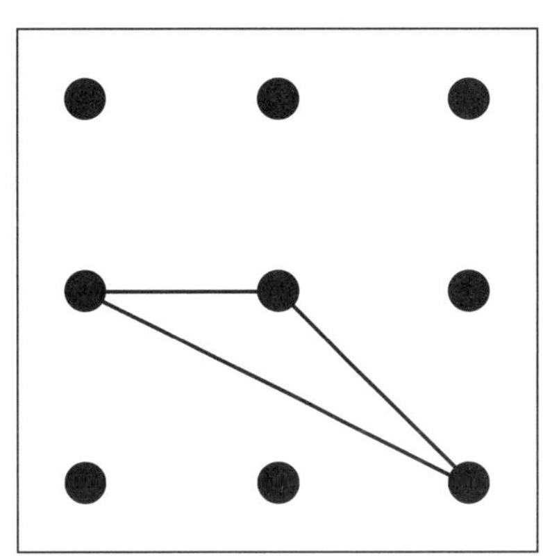

Vierecke am Geobrett – Lösung

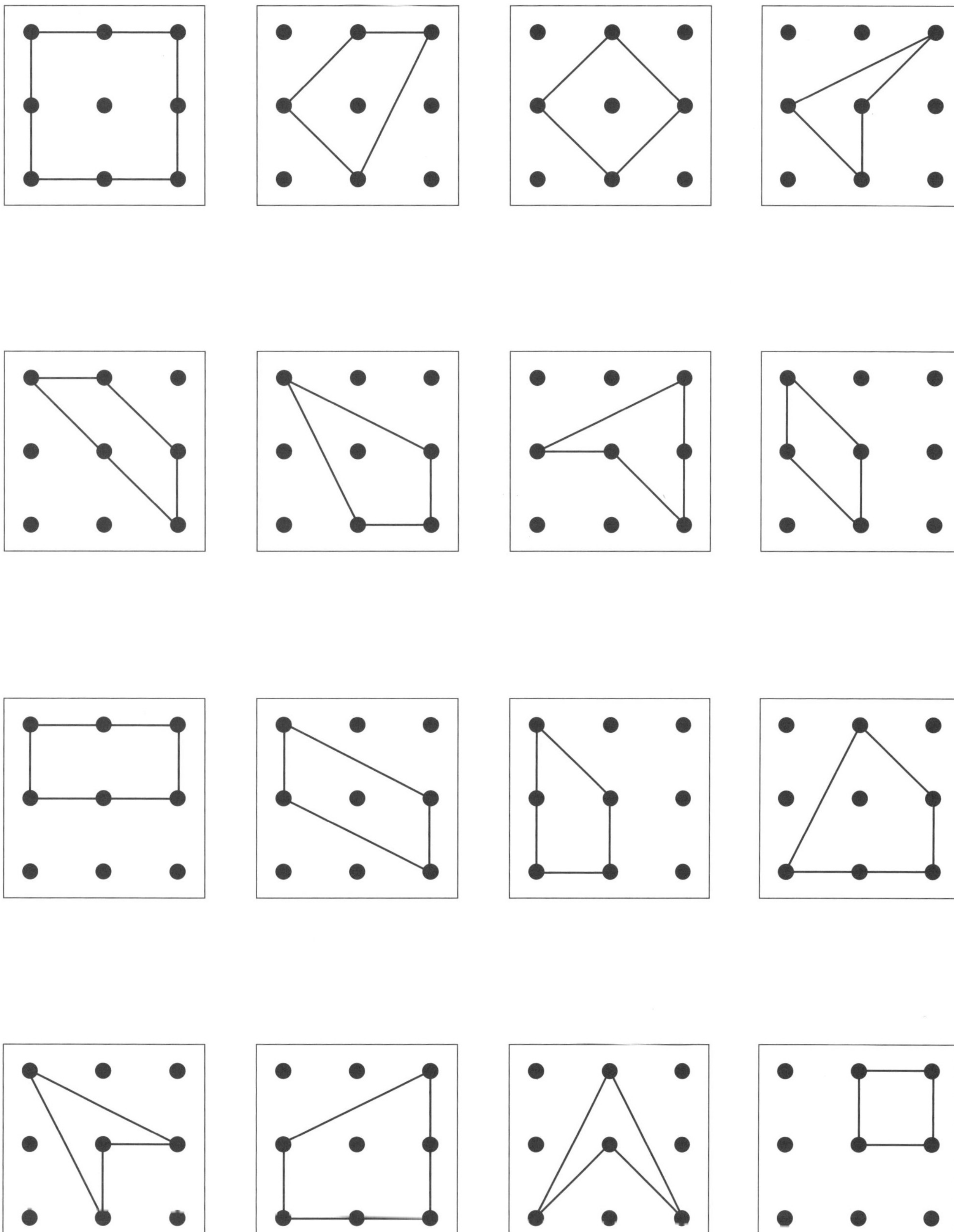

Handelnder Umgang mit Körperformen

Wir bauen ein Würfelmodell

Oft werden Kantenmodelle erst in der dritten Klasse gebaut. Wenn wie auf dieser Seite beschrieben vorgegangen wird, eignet sich das Thema allerdings sehr gut für die zweite Klasse.

Material

- für je zwei Schüler:
  - einen festen Karton als Unterlage
  - mind. zwölf gleich lange Stäbe (Schaschlikstäbe)
  - ca. zehn kleine Kugeln aus Knetmasse
  - *KV Aufgaben für Würfelforscher*
- *KV Wort-Bild-Karten*

Zeitlicher Rahmen

eine Unterrichtsstunde

Vorausgehende Lernschritte

Die Kinder sollten sich bereits mit den geometrischen Körpern beschäftigt haben. Folgendes Vorgehen erscheint uns sinnvoll: Nachdem die Kinder die Körperformen (Kugel, Würfel, Quader, Zylinder ...) mit eigenen Worten beschrieben haben, ordnen sie diese nach vielfältigen Kriterien, z.B.

- rollt/rollt nicht
- rollt nur in eine bestimmte Richtung/ rollt in alle Richtungen
- hat eine Spitze/hat keine Spitze

Dann werden die Begriffe Würfel, Quader und Kugel eingeführt. Schließlich entdecken die Schüler Körperformen in der Umwelt.

Durchführung

1. Vorübung
Wenn die Schüler als vorbereitende Hausaufgabe den Auftrag erhalten, einen Würfel, einen Quader oder eine Kugel mitzubringen, kann in der Hinführung mit diesen Gegenständen gearbeitet werden. Zuerst stellen sich die Kinder in Vierer- oder Fünfergruppen gegenseitig ihre geometrischen Körper vor. Dann kommen einige Schüler nach vorne und zeigen ihre Gegenstände. Die Klasse überlegt, um welche Körperformen es sich handelt.

2. Initiation/Präsentation
2.1. Schüleraktivität

Der Lehrer stellt die Aufgabe:

> *KV Aufgaben für Würfelforscher*
> Versuche zusammen mit deinem Partner, aus den Stäben und Knetmassekugeln einen Würfel zu bauen.

Jede Zweiergruppe erhält die vorbereiteten Knetmassekugeln und Stäbe. Der Lerneffekt wird größer, wenn die Gruppen z.B. noch weitere acht Stäbe in einer anderen Länge bekommen. Kinder, die versuchen, aus diesen einen Würfel zu bauen, stellen bald fest, dass das nicht funktioniert. So gewinnen die Schüler durch handelndes Tun die Erkenntnis, dass für einen Würfel acht Knetmassekugeln und zwölf gleich lange Stäbe benötigt werden.
Zweiergruppen, die ihren Würfel fertiggebaut haben, erforschen ihr Modell mithilfe eines Arbeitsblatts *(KV Aufgaben für Würfelforscher)*. Der Lehrer sollte so viel Zeit zur Verfügung stellen, dass möglichst viele Kinder die ersten beiden Aufgaben bearbeiten können. Die weiteren Aufgaben dienen der Differenzierung.

2.2. Reflexion/Auswertung
Nun kommen die Schüler mit ihrem Modell in den Sitzkreis. Auf dem festen Karton lässt sich der Würfel gut transportieren. Die Schüler dürfen sich jetzt zu ihren Erfahrungen beim Bau des Würfels und zu den Modellen der anderen äußern. Zuerst erzählen die Kinder frei, bei Bedarf gibt der Lehrer Impulse:

- Was ist euch schwergefallen? Wie seid ihr vorgegangen? Seid ihr vielleicht über einen Umweg zum Ziel gekommen?
- Welche Modelle findet ihr besonders gelungen? Warum? Für welche Modelle hast du Verbesserungsvorschläge?
- Beschreibt euer Würfelmodell genau.

Zum Schluss führt die Lehrkraft die Begriffe Ecken (entspricht den Knetmassekugeln) und Kanten (entspricht den Stäben) ein. Die Wort-Bild-Karten (*KV Wort-Bild-Karten)* dienen der Sicherung.

Praxis-Tipps

In der Auswertungsrunde sollten die Kinder die Möglichkeit haben, das Besprochene handelnd nachzuvollziehen. So kann z.B. ein Würfelmodell wieder zerlegt werden, um noch einmal gemeinsam nachzuzählen, wie viele Knetmassekugeln und wie viele Stäbe verwendet wurden.

Impulse zur Weiterarbeit

Auf die Art und Anzahl der Flächen eines Würfels wurde bis jetzt noch nicht näher eingegangen. Deshalb könnten die Schüler in einer darauffolgenden Stunde Körperformen in den Sand drücken und die entstandenen Spuren vergleichen.

Name: Datum:

Aufgaben für Würfelforscher

Versuche zusammen mit deinem Partner, aus den Stäben und Knetmassekugeln einen Würfel zu bauen.
Beantworte anschließend folgende Fragen.

1. Wie viele Stäbe und wie viele Knetmassekugeln habt ihr für euren Würfel verwendet?

   ______ Stäbe ______ Knetmassekugeln

2. Schaut euch die Stäbe genau an. Was ist an diesen Stäben das Besondere?

   ____

   ____

3. Findet heraus, wie viele Stäbe in einer Knetmassekugel stecken.
   Gilt das für alle Knetmassekugeln, die ihr verwendet habt? Kreuzt an.

   In einer Knetmassekugel stecken ______ Stäbe.

   ◯ Das gilt für alle Knetmassekugeln

   ◯ Das gilt nicht für alle Knetmassekugeln.

4. a) Euer Würfel steht vor euch auf dem Tisch.
   Wie viele Knetmassekugeln berühren den Tisch? ______

   b) Stellt euch vor, ihr kippt euren Würfel auf eine andere Seite.
   Wie viele Knetmassekugeln berühren dann den Tisch? ______

5. Tom hat auch einen Würfel aus Stäben und Knetmassekugeln gebaut. Sein Würfel ist etwas größer als eurer. Was stimmt? Kreuze an.

   ◯ Tom hat 8 Knetmassekugeln verwendet.

   ◯ Tom hat 9 Knetmassekugeln verwendet.

   ◯ Tom hat 12 Stäbe verwendet.

   ◯ Tom hat 14 Stäbe verwendet.

Wort-Bild-Karten

Kante

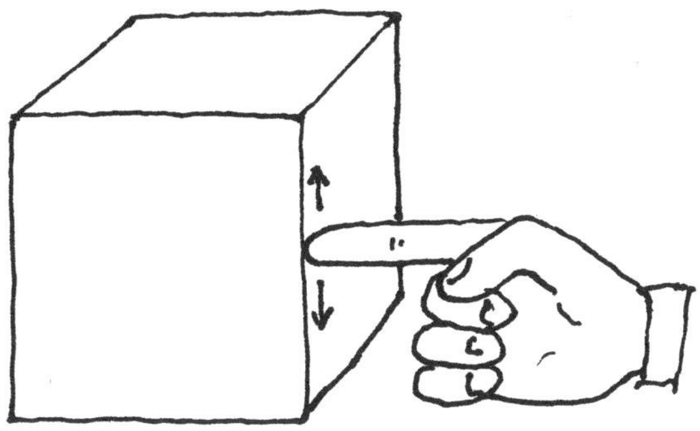

Ecke

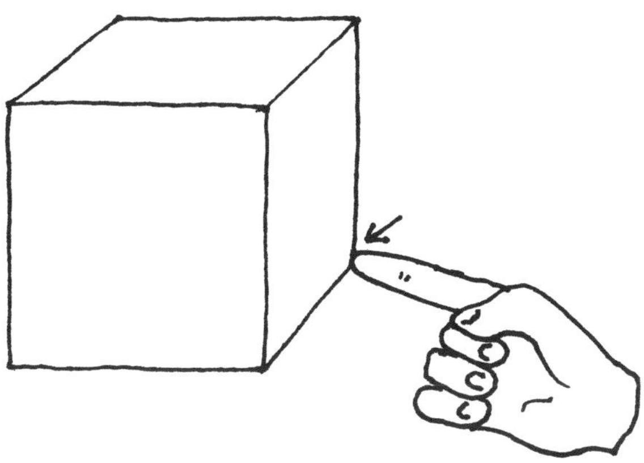